U0598319

安全

生产事故隐患
内部报告奖励
最佳实践案例汇编

上海市安全生产委员会办公室　编

世界图书出版公司

北京·广州·上海·西安

图书在版编目（CIP）数据

安全生产事故隐患内部报告奖励最佳实践案例汇编 /
上海市安全生产委员会办公室编. -- 北京：世界图书出
版有限公司北京分公司，2025. 5. -- ISBN 978-7-5232
-2269-0

Ⅰ. X931

中国国家版本馆CIP数据核字第2025TG2020号

书　　名	安全生产事故隐患内部报告奖励最佳实践案例汇编
	ANQUAN SHENGCHAN SHIGU YINHUAN NEIBU BAOGAO
	JIANGLI ZUIJIA SHIJIAN ANLI HUIBIAN
编　　者	上海市安全生产委员会办公室
策划编辑	金　博
责任编辑	冯　乐
装帧设计	彭雅静
出版发行	世界图书出版有限公司北京分公司
地　　址	北京市东城区朝内大街137号
邮　　编	100010
电　　话	010-64038355（发行）　64033507（总编室）
网　　址	http://www.wpcbj.com.cn
邮　　箱	wpcbjst@vip.163.com
销　　售	新华书店
印　　刷	中煤（北京）印务有限公司
开　　本	880mm×1230mm　1/32
印　　张	6
字　　数	120千字
版　　次	2025年5月第1版
印　　次	2025年5月第1次印刷
国际书号	ISBN 978-7-5232-2269-0
定　　价	58.00元

版权所有　翻印必究
（如发现印装质量问题，请与本公司联系调换）

编 写 组

主　　　　编：马坚泓

副　主　　编：李彩云

策划/执行编辑：丁　立　朱明杰

编　　　　辑：马海南　刘金升　江徐珍　吴佳怡　吴　波
　　　　　　　张宝堂　陈万钧　陈　龙　周　清　胡　珺
　　　　　　　施新颜　洪　飞　徐宏勇　黄伟国　樊　青
　　　　　　　潘新伟　戴　澐

（均按姓氏笔画排序）

撰　　　　稿：丁天胜　丁　立　马海南　王　宇　王进潇
　　　　　　　王　辉　方　睿　邓　博　叶永锋　申伟栋
　　　　　　　朱明杰　刘金升　江徐珍　李叶倩　李晨晨
　　　　　　　李维亚　吴佳怡　吴　波　邱红霞　余卓成
　　　　　　　应皓晨　汪臻升　沈昌圣　沈群辉　张宝堂
　　　　　　　张秋艳　张　真　张顾昆　张瑜照　陈　龙
　　　　　　　周红军　周　清　郑蕴修　房翠欢　赵斌琳
　　　　　　　赵　强　胡　珺　施新颜　姜丽蓉　洪　飞
　　　　　　　袁佳珺　夏　阳　徐宏勇　栾新跃　陶　辰
　　　　　　　黄伟国　曹天熠　常　帅　蒋兴一　蒋燕锋
　　　　　　　程源源　樊　青　潘新伟　穆世成　戴　澐

（均按姓氏笔画排序）

特 别 鸣 谢：太平洋安信农业保险有限公司

编者按

Editor's Note

习近平总书记在2019年中央政治局第十九次集体学习时指出："要健全风险防范化解机制，坚持从源头上防范化解重大安全风险，真正把问题解决在萌芽之时、成灾之前。"2024年，国家启动新一轮安全生产专项整治三年行动，定位"治本攻坚"，充分体现了党中央、国务院深化国家安全治理体系建设，强化重大安全风险源头管控的坚定决心和政策方向。

那么，究竟该如何正确认识和理解"源头"的内涵，又该如何有效贯彻和执行"治本"的要求呢？理论和实践上，存在着多种不同的认识。我们认为，关键在于两个重要的方面：其一，提升本质安全，推动人、机、物、环、管各方面风险减量，直至完全消除，从客观上夯实安全生产工作基础，有"危中育安"的本事；其二，紧紧抓牢全员安全生产责任制，把"人人讲安全、个个会应急"的理念落到实处，从主观上筑牢安全生产的人民防线，有"化险为夷"的本领。

安全治理之道，在于标本兼治。治标与治本相辅相成、互为表里。治本必从治标始，如此方可有的放矢、精准施策；治标必以治本终，这样才能正本清源，从根本上解决问题。从政府监管的视角出发，"治标"体现在抓好日常安全监管检查、抓好具体事故调查处理，在发现的具体问题隐患中提炼经验教训。在此基础上，对症下药，采取诸如改革体制机制、完善监管政策、加大安全投入等"治本"之策。其中尤为重要的是，引导企事业单位充分发挥能动性与自觉性，大力弘扬安全文化、打造标杆企业，推动工作由"他律"向"自律"发展，从而进一步提升隐患排查整治的覆盖面和供应面，增强驱动力与穿透力，真正实现安全生产从"管理"向"治理"的跨越式进步。

为积极响应并落实国务院安委会《安全生产治本攻坚三年行动方案（2024—2026年）》和《关于推动建立完善生产经营单位事故隐患内部报告奖励机制的意见》，2024年，上海市开展了生产经营单位事故隐患报告奖励机制最佳实践创建活动。活动旨在推动各行业领域生产经营单位事故隐患内部报告奖励机制的建立完善，促进生产经营单位自觉主动、动态性开展事故隐患自查自纠，构筑安全生产领域的"人民防线"，努力打造"人人参与、人人负责、人人奉献、人人共享"的安全生产治理共同体。

本次活动以最佳实践优秀案例评选为主线，设置"担当引领，率先垂范""链接全球，对标一流""未来之光，勇立潮头"三条主题赛道，涵盖国有企业、外资企业、民营企业和院校、科研机构等各种生产经营单位类型。通过对近140份案例的书面初审、走访调研、现场展示，评选出3个一等奖、3个二等奖、6个三等奖以及12个优秀提名案例。城投集团、光明集团、仪电集团、机场集团等龙头国企，迪士尼、特斯拉、科思创、施耐德等资深外企，饿了么、正泰电气、华东理工大学等民营企业和高等院校优秀代表脱颖而出,为本市安全生产管理工作树立起一批安全生产管理科学规范的标杆,培育出一批激发单位内生安全动力的精品案例,形成了一批可复制、可推广的宝贵经验。

从获奖单位的案例中,我们发现了一些做好事故隐患排查治理工作共通的管理要素和技术要点。

建立一套广覆盖的发现系统。这里的覆盖,指报告行为覆盖全员,每一个人都是事故隐患发现的主体。既有基于本职的行为,也有基于职责拓展延伸的行为。我们在所有的优秀案例中都能发现,无论是从企业管理层到最一线员工"打破标签"式的纵向贯通,还是从承包商管控到供应链联动"跨越壁垒"式的横向协同,每一个人都在事故隐患发现和报告中发挥着作用。就像特斯拉的"Take Charge主人翁计划",激励每一名员工都成为安全管理的主人翁。这里的覆盖,也指报告内容覆盖全域,每一个细节都值得去发现和研究。既聚焦面上人的不安全行为、物的不安全状态、环境的不安全因素,也探究内里的管理缺陷和漏洞,甚至还能产生足够强大的社会衍生效应。正如饿了么的"蓝骑士"们,除了关注自身的安全以外,还把隐患排查深入城市、社区一线,让城市运行更加安全。

建立一套有能量的奖励系统。这里的能量,既回馈当下,也激励长远,有助于增强获得感。就如正泰电气采用"安全岗位专项补贴+团队安全激励奖+项目激励奖"的组合拳,把即时激励和长期反馈有效结合。这里的能量,既满足需求,也满怀荣耀,有助于巩固归属感。就像迪士尼让"安全英雄"们既成为企业安全管理的"英雄",也成为家庭成员圆梦"童话世界"的"英雄",让"安全小白"们还能有机会"逆袭"晋升"安全讲师"。

建立一套有效率的处置系统。这里的效率，包括及时准确的收集风险问题，所有的优秀案例中都能看到一套反应灵敏的数字化发现、报告系统，并对问题隐患进行有效的筛选、分类、判别。比如机场集团利用"信息熵"较为准确地量化和评价隐患发现报告的质量，将无效的报告智能化筛除，实现对真正问题的聚焦。这里的效率，还包括可靠高效的处置事故隐患，通过系统化手段、结合风险隐患轻重程度，让需要管理的人来管理，让需要解决的问题得到解决。就像施耐德工控的"风险热力图"，在直观展示风险强度与密度的同时，联动从最高管理层到最一线员工的每一个岗位落实常态化的隐患处置追踪机制。

建立一套有能力的总结提升系统。这里的能力，包括对共性、深层、重点、持续性问题内涵的发掘和提炼能力，就像城投集团在推进内部报告奖励机制过程中总结提炼的"安全生产管理导航仪工程"，真正实现了让安全生产工作"听得懂、干得了、有效果"。这里的能力，也包括研究解决问题助推本质安全提升的行动和创新能力，就如申通阿尔斯通以隐患排查治理为媒，让隐患发现者蜕变为技术发明者，促成了安全管理的量变到质变。

本书将此次优秀案例评选中脱颖而出的12个获奖案例，外加2个优秀提名案例作为代表汇编成册，旨在向全市生产经营单位推广安全生产管理的最佳实践，分享安全文化建设的优良经验，传递安全管理理念的有效创新。

本书结合相关获奖案例所在行业领域的特点，分成三个板块，分别为"上海制造的安全密钥""一路繁花的安全底色""城市脉动的安全守护"，重点展示获奖单位在事故隐患内部报告奖励机制建设方面的路径、成效、经验，有效归纳、提炼相关机制建设工作的核心要素，以供相关单位学习参考。获奖案例所在单位、上海市安全生产科学研究所等单位的专家学者对本书编写提供了大力支持。本书力求简明扼要、通俗易懂，准确反映相关工作本意，但因时间和水平有限，不妥和疏漏之处在所难免，敬请广大读者批评指正。

2025年2月

目录

Contents

上海制造的安全密钥

数智探新，
趣味引领全员隐患提报新风尚

——特斯拉（上海）有限公司

　　特斯拉（上海）有限公司（以下简称"特斯拉"）建设和运营的上海超级工厂是中国首个外商独资整车制造项目，同时也是特斯拉首个海外工厂。自2019年末特斯拉中国制造的Model 3正式交付，至2024年10月上海超级工厂成功下线第300万辆中国制造的特斯拉整车，特斯拉展现了惊人的"上海速度"和"特斯拉

速度"。

　　速度的背后，是面对多重安全管理挑战下的转型发展。特斯拉的造车工艺除了有传统整车制造的冲压、焊装、涂装、总装等工艺以外，还包含下车身后地板一体成型压铸、电池和电驱制造工艺。在业务迅猛发展和新能源汽车制造工艺创新的双重挑战下，特斯拉始终坚持加速达到可持续的未来，确保安全、公正、乐趣并富有保障的EHS&S愿景，树立"EHS从我做起"的价值观和员工的EHS主人翁意识，推行内部隐患上报激励制度"Take Charge主人翁计划"（以下简称"TCH主人翁计划"），以积极的态度，赋能员工，降低风险。自2020年至今共提交46.6万条安全隐患和改进建议，是"300万辆+"高效益的安全底座之一。

积极的态度——制度推动效能，数字化赋能制度

　　特斯拉实施全球管理制度，制订全员隐患提报TCH主人翁计

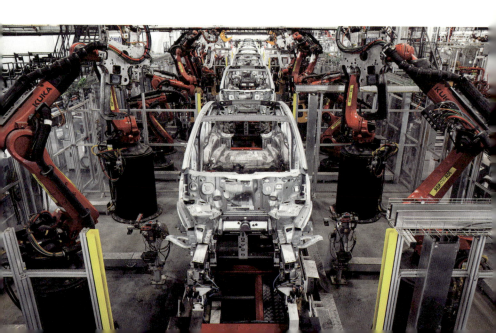

划，执行全球EHS&S指标。该计划要求每季度每人至少提交一条TCH；TCH闭环率须达到90%以上；2023年起，TCH员工参与率须超过60%。设立指标，让员工发现并报告隐患的意识融入日常工作中，2023年还进一步引入了参与率指标对参与情况进行评估，用积极的导向鼓励员工广泛参与。同时，将TCH提报指标纳入个人安全指标考核体系，若未达标将对员工的职业晋升产生影响。

激励制度建设

"观察、发声、行动"——在发现安全隐患时及时提出，是特斯拉激励员工积极参与主动报告潜在风险的关键措施。在特斯拉，针对全体员工隐患报告的激励体系包含个人安全绩效维度、安全荣誉维度、隐患内容评优维度三个层面。

个人安全绩效维度：根据工厂每季度TCH的报告和达标情况，TCH被设定为员工季度人事考核中一项主动激励性指标，目的是奖励一线员工的个人安全绩效，鼓励他们在安全生产方面的表现。

特斯拉车间内部图

安全荣誉维度：为促进员工积极参与安全工作并发挥模范作用，特斯拉设立了"月度安全之星"评选和正向激励机制。员工的提报和贡献是安全评分的关键指标，为评选安全行为提供依据。此外，发现重大隐患的员工将在季度安委会上由公司负责人颁发重大安全贡献奖。

隐患内容评优维度：对于TCH主人翁计划提报内容的评选，特斯拉建立了季度部门级推优以及半年度公司级评选的奖励机制。消除安全隐患，不仅能够提升工作效率、确保产品质量、降低生产成本，同时亦能增强企业的合规性。特斯拉综合考量这些改进带来的全面价值。这也正符合特斯拉所倡导的理念：安全不是业务之外的独立元素，而是与业务紧密相连、不可分割的一部分。

隐患内容评优维度

评优维度	权重方案
EHS：风险管控（LEC）- 可能性、暴露频率、事故后果	25%
Accuracy：产品质量	15%
Rate：效率	15%
Cost：成本（降本、节能减排、额外收益）	15%
Compliance：合规（避免合规风险）	15%
Employee：员工满意度（工作环境）	6%
Shout-Out：点赞数量（收到）	3%
Promotion：推广度	6%

数字化赋能

从2019年全员隐患线下提报到2022年更新上线的TCH平台，隐患提报工作实现了数字化升级。TCH平台集成了提交、追踪、关闭于一体的更多智能功能，这些功能使得每位员工的隐患提报能够得到有效落实和目标指标的全面追踪。同时开通手机端、电脑端的提报入口，简单易达的提报平台可以增加员工提报隐患的积极性。员工提交后，系统将自动推送至管理层以进行跟踪落实和关闭。若管理层未能在规定时间内处理，系统自动将事项上报至更高级别的管理层，确保所有TCH得到充分关注并实现闭环处理。此外，对于已受理但超过7天未有新进展的TCH，将在各部门的周报中进行预警提示。借助数字化工具能够自动推送报告并实时展示指标完成情况。通过提高TCH的流转效率和闭环率，可以有效激发员工持续提交隐患报告的积极性。

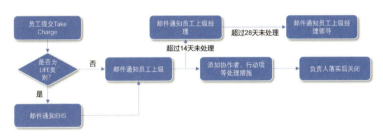

TCH提报和升级流程

多途径赋能——以人为本，协同合作

人员赋能

特斯拉强调"安全管理，教育先行"，认为人是安全文化建设的核心。通过持续的安全培训，员工将学会识别、报告和整改安全隐患。培训中还传达TCH主人翁计划的指标，让提报意识深入人心。

管理层参与

管理层积极参与TCH主人翁计划，发挥引领作用。每季度，各部门主管必须至少执行一次交叉检查，亲自前往现场以识别潜在风险，进而营造出全体成员自上而下积极参与隐患排查的良好氛围。

趣味提报

将趣味性注入TCH主人翁计划工作的每一环节，让每位员工都能体验到安全工作同样可以充满乐趣。结合特斯拉内部手机程序、公邮推送、宣传栏、班组园地、厂区电视机等途径进行TCH主人翁计划的海报宣传和视频推送。多样化的宣传可以增加员工提报的意愿以及烘托全员提报的氛围。

TCH宣传海报

公司举行隐患排查团队赛，以提交TCH的人均数量、闭环数量以及高风险提交占比作为评选指标，评选出隐患排查优秀团队。至2024年底，和TCH相关的活动中参与人次共14万以上，获奖人数为1480人。

协同合作

特斯拉强调及时激励的重要性，提倡通过"点赞"来表彰员工的贡献。点赞的对象为提出好建议、迅速解决问题和成功处理实际问题的员工。收到点赞的员工会收到邮件通知，并能在HR系统中查看记录。这种做法提升了员工的成就感，促进了团队合作，培养了积极的工作态度。处理隐患问题时，跨部门协作至关重要。特斯拉通过组建专门小组，加速了隐患处置流转和解决，确保了问题的快速响应和高效处理，从而降低风险。

降低风险——以数据为支撑，挖掘管理亮点

自2022年TCH平台投入运营以来，特斯拉上海工厂每季度的隐患提报数量均成功达到设定的目标。2024年上海工厂的参与率高达94%。

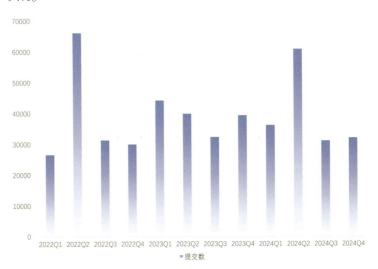

TCH每季度提交数据（2022Q1-2024Q4）

特斯拉2022年和2023年影响力报告中指出，通过打造最佳工作环境，其全球制造工厂的TCH主人翁计划与ASTM（美国材料与试验协会定义的标准）严重事故率成反比，表明该计划有效降低了严重事故概率。

特斯拉2023年影响力报告

通过特斯拉TCH主人翁计划实践，安全管理模式实现了从"依靠目标指标的严格监督"向"独立自主管理"的转变。同时，利用安全文化的引导力量，促使员工及相关方人员的观念从"要我安全"转变为"我要安全"。

案例启示及衍生效应

构建更加积极的安全文化

特斯拉倡导这样三条安全管理逻辑：

一是不责备任何汇报事故和隐患的人——主动发现问题是解决问题的第一步；

二是安全无小事，任何一条安全隐患都值得改进——勿以善小而不为，量的累积才能引发质的飞跃；

三是学无止境，从已有的事故和隐患中汲取经验教训——自查自纠"零报告"往往是自欺欺人。

特斯拉的中高层管理者带头做好安全工作，员工逐步树立了"我是自身安全的第一责任人"的观念，各项安全工作有效落地实施，层层压实责任，安全已成为特斯拉人的肌肉记忆。

推动安全管理向专业化纵深发展

在业务迅速扩展的短时间内，特斯拉的安全管理部门已识别出高风险项目（简称"LIFE项"）。成立了十大专业小组，作为安全管理工作的核心和重点，构建了十大安全高风险的防范屏障。

坠落防护小组　起重吊装小组　电气安全小组　化学品小组　LOTO小组

车间外交通小组　有限空间小组　应急小组　车间内交通小组　人机小组

十大安全专业小组

专业小组由高级经理或总监领导，协调员为资深安全工程师，成员包括各部门或车间指定的资深人员。小组的主要任务包括：确定年度重点课题，开展全厂培训和路演，执行全厂专项检查，进行内部专项审核。2024年，专业小组发现隐患2128项，整改2037项，当年整改率达95.7%；组织11次全员安全学习，参与人次达23万，平均参与率97%；设立年度攻关课题18项。安全管理能力有效提升。

促使全生命周期管理融入安全各环节

特斯拉将全生命周期管理理念深度整合到各项业务的安全管理中，涵盖建设项目、设备、设施、工艺、化学品以及人员管理等。这一理念确保了在工厂运营的每一个环节，安全生产的理念都能深入人心，实现了安全管理的全程贯穿。

用隐患报告奖励机制有效串联相关方管理

特斯拉对员工和相关方人员实行统一的安全管理政策，确保所有参与业务活动的人员安全。相关方人员众多，遍布公司各部门和车间。特斯拉采用区域责任制，对承包商和供应商实施属地管理，

确保他们遵循特斯拉的安全标准。此外，业务部门为承包商和供应商设定安全目标和绩效考核，将相关方人员的安全管理纳入日常管理重点。

特斯拉将TCH主人翁计划作为一项企业长期战略，致力于将安全文化基因融入每一项业务活动，并将其扩展至相关方及供应链领域。展望未来，特斯拉持续探索和创新，随着人工智能技术的不断进步与应用，员工隐患提报的质量将得到有效提升，从而使TCH主人翁计划更高效、更有力地服务于公司的安全管理。

安全"零距离"

——科思创聚合物（中国）有限公司

科思创是全球领先的高品质聚合物及其组分的生产商之一，在全球范围内为交通出行、建筑和生活起居以及电子电气等重要行业的客户提供服务，在全球拥有48个生产基地，约17500名员工。目前，科思创上海一体化基地已成为科思创全球最大的综合性生产基地，拥有12座配备先进生产技术的工厂，覆盖科思创主要产品线。

作为危险化学品生产经营企业，科思创与其他化工企业一样具有高风险，生产过程复杂，原料、产品易燃易爆、有毒有害、有腐蚀性，存在化学品泄露爆炸可能，可以说是"要么不发生事故，一旦发生可能就是大事故"的典型代表。

科思创在安全管理中遵循两个基本方针：一是"我们所做的一切都不能以受到伤害为代价"；二是"唯有安全的工厂才是可靠的工厂，才能保证高产"。通过推行"零距离"的安全文化来助力企业隐患排查与治理，要求从管理层到一线员工全员参与，保障安全制度的可操作性和严格执行，以及主动识别风险并且确保有效应对。

坚持"当下改"与"长久立"有机结合的隐患排查机制

科思创在全球范围内统一使用IIMS（Integrated Information Management System）信息记录平台，这是一个对所有员工开放的平台系统。该系统内设置有10个模块，可以用于记录企业发生的安全生产事故事件、全球的事故分享、审计的发现项等。其中，员工使用最多、最频繁的是Good Catch、JSBO和Near Miss这3个模块，主要用于员工主动排查隐患并跟踪治理情况。

2024年全年，系统内员工主动识别的隐患数量高达上万起，基地一线员工数量约为800人，每人每月至少汇报一起才能达到这样的数量级，可以说是做到了人人都是安全"吹哨人"。而这些，都源于科思创的三个"零距离"安全文化，促使隐患治理机制常用常新。

IIMS信息记录平台

谁发现即整改——鼓励报告人担当"答卷人"，推动管理层与一线保持"零距离"

2024年全年，IIMS系统记录的Good Catch就有500多起。Good Catch是指发现简单的安全事件或者不安全问题，通过即时整改消除隐患。

员工在发现隐患的当下就已立即整改，并将该事件输入IIMS系统，描述事件本身以及当下采取的整改措施，表示该隐患已得到治理，因此系统内无须额外定义整改责任人。例如有员工在现场发现同事刚用完的软管未及时收纳，留在地板上有绊倒的风险，自行收整清理后，通知该操作同事须注意的事项，并将该事件分享给部门内的所有同事，集体养成良好的行为习惯。

这些都是科思创"深入一线"管理理念的体现。从科思创全球HSE（Health，Safety，Environment）负责人到亚太区HSE负责人，办公选址均贴近生产基地，这样的做法体现了管理层对"零距离"的敬畏和承诺，也体现了科思创对安全管理的高度重视和全员参与的理念。科思创上海一体化基地总经理和安全总监贴近生产一线，在现场进行隐患排查的次数远高于国家的要求，2024年正式的现场巡检有30余次，且在工厂大修期间几乎每天进行现场安全检查，及时发现并整改、消除隐患。

科思创设定了完善的隐患排查制度，对隐患排查的方式、内容和频次均提出了相应的要求。公司内部网页公开管理层隐患排查的记录，提高组织的透明度，员工可以看到公司级领导进行隐患排查的全过程。从可视化的角度，让员工能够清晰地看到管理层对于安全的重视，且真切地意识到安全管理是一个全员参与的全过程管理，每个人都有责任和义务去发现并消除隐患。

安全行为观察——鼓励报告人担当阅卷人，推动风险与措施之间保持"零距离"

2024年全年，IIMS系统记录的JSBO高达5000多起。JSBO是指工作安全行为观察，它是一种主动的安全观察，是消除危害、降低安全和健康风险的有效方法。观察员可以是一个人，也可以是一个团队，观察结果可以是正向的，也可以是反向的。作业安全行为观察在作业现场进行，观察的内容覆盖工作计划、程序、个体防护装备、工具设备、活动、工作环境等。所有的工作都可以通过JSBO的方式进行安全行为观察。

首先，员工在IIMS系统JSBO模块输入观察的某个作业过程，包括观察的具体工作任务、工作区域、观察员、观察目的等。接下来，评定整个作业过程是否安全。系统内设定的评定范围包含工作计划、程序、个体防护装备、工具设备、活动、作业区域、办公区域、厂内车辆。对于适用的每一项观察项，选择评定的结果。评定状态分为四类：不适用、不安全状态、不安全行为和安全。每个选项还会对应出现一个文本框用于描述具体的信息。在适用的情况下，可以选择不同类目下多个状态。如若所有的选项都选择了不适用，则该JSBO无法提交，定义为失效的JSBO。如所有选项都为"安全"，JSBO将在提交后自动关闭。只要有一项为"不安全状态"或"不安全行为"，提交后就将发起后续整改措施工作流程。

随后，系统将会根据信息输入员选定的作业活动区域位置以系统邮件的方式自动将任务派送给该区域指定的后续负责人，后续负责人查看JSBO具体信息并判断是否需要整改措施。如需要整改措施，将弹出指派措施负责人。如不需要整改措施，提交后JSBO将关闭。最后开始整改措施工作流程，被选择的措施负责人将收到系统指派的"制定整改措施"任务，整改人根据对应的隐患制订整改方案，完成整改后在系统内关闭整改项。当该JSBO所定义的整改项全部完成整改后，JSBO将显示为关闭状态。若任何一项整改措施还未完成，则该JSBO的状态将一直处于正在整改状态。

例如，有员工观察到有一承包商无视一楼警示线试图穿越，此时二楼垂直区域有一个破管作业正在进行，存在化学品滴落的潜在风险。正值大修期间，现场警戒线较多，怕麻烦、走捷径的苗头攀升，员工当下立即制止了该承包商的行为并对其进行教育，并向大修组反馈其情况，由大修团队对所有检维修承包商进行教育。

IIMS系统JSBO工作流程

这些都是科思创"术有专攻"管理理念的体现。一方面，科思创配备了专职安全管理团队，他们大多数人具有多年从事生产装置作业的工作经验，清楚装置的风险源和关键控制点，有能力组织跨部门隐患排查与治理，有能力帮助发现潜在隐患，确保风险识别的完整性，帮助提出整改建议和评价整改的有效性，及时闭环，确保应对措施落实的及时性和有效性，并且定期在基地安委会会议上，分享关键的隐患发现并举一反三；另一方面，科思创80%的一线员工来自本土的一所化工职业院校。在上海一体化基地建立之初，科思创就与该院校一起借鉴德国先进的工业经验，引入德国"双元制"教育理念，通过产教融合的理念与院校一起共育产业人才。该院校毕业的学生具备专业的化工知识、熟悉工厂工艺、安全意识强，可以更好地发现隐患并及时消除隐患。

未遂事件预防——鼓励报告人担当出卷人，推动程序与执行之间保持"零距离"

2024年全年，IIMS系统记录的Near Miss事件高达6000多起。Near Miss是指可观察到的、计划外的、不可预见的事件、情况或行为，可能导致但尚未导致人身伤害、财产损失、环境释放或其他形式的损失。

首先，由员工在IIMS系统Near Miss模块，创建未遂事件。需要填入事件的简单描述，发生的区域位置、当时采取的操作以及该事件是否涉及到承包商均需完整体现。其次，系统会自动根据信息填入员勾选的事件地址自动分配任务给预设的影响分析负责人，该负责人根据该事件可能导致的后果将该事件进行定级。未遂事件的定级根据该事件可能导致的后果严重性分为四级。从高到低分别为一级、二级、三级和四级。被定义为三级或四级的事件，将发起后续整改措施工作流程，直至所有整改项整改完毕，系统显示关闭。被定义为二级及以上的事件则需要开展根本原因分析。影响分析负责人需要指定一位用户作为根本原因负责人。

随后，根本原因负责人判断是否需要整改措施。如需要整改措施，选择负责人来分配整改措施。如不需要整改措施，该未遂事件将在提交后关闭。调查报告作为必要的附件需要上传在系统内。最后，开始整改措施工作流程，直至系统内所有被定义的整改措施完成整改。

例如，有员工看到承包商的工人用水管清洗地面时站的位置较远，喷溅出的水花已经沾染到附近的设施设备、电源插座等，有可能导致周围设备传感器、电机等用电设备故障。该员工根据自己掌握的安全操作规程和安全知识判断后，当场叫停该行为，告知该工人以及承包商相关作业行为存在的潜在风险，并将该信息汇报当班值班长，并作为安全信息分享至部门晨会，承包商公司也将其信息进行相关岗位人员的全员分享。

IIMS系统Near Miss工作流程

这些都是科思创"确保执行"管理理念的体现，强调制度的可操作性和严格执行的重要性。标准化运行工厂执行标准操作规程的关键在于需要全面识别操作过程中的风险，基于全过程的生命周期管理的原则，对操作规程中涉及的风险进行全面识别，并体现在操作规程中。科思创在制定和完善程序之初，便会邀请所有相关方及一线员工加入，清晰识别风险，标注原因，写清偏离后果、纠正措施以及任何不在操作限定范围内的例外事故等。为了确保在相应的安全风险下合理的安全执行工作，所有的操作规程（程序）必须每年进行一次可行性评估。评估工作由操作规程（程序）的编写者主导，团队包括一位对工艺和日常操作有经验的领域专家、一位程序的使用者暨作业的执行人员，比如一线的班长或者经验丰富的操作工或技术员，确保理论与实践的全面结合。

坚持"精神鼓励"与"物质奖励"双重发力的奖励机制

科思创对系统内提交的Good Catch、JSBO和Near Miss会进行不定期评选，将报送事故隐患并被评选为优秀案例的员工名字列入表彰名单，对全体员工公示，有效树立起正面典型，引导其他员工积极效仿。

同时，也会给予员工相应的物质奖励，包括"个人绩效奖金"（Individual Performance Award，IPA）以及"一次性奖励"（One Time Award，OTA）。其中，IPA用于奖励员工有超出正常职责的杰出表现或贡献，且对业务结果产生影响的情形。根据贡献程度不同，奖金额度随月工资的一定系数浮动。OTA用于一次性奖励员工为科思创创造正向价值的行为，根据贡献程度不同，奖金额度发放从几百元到几千元不等。

高质量未遂事故识别表彰名单

表彰名单上榜墙

案例启示与衍生效应

如何让隐患治理的边际效益有所递增？

隐患排查与治理在科思创的安全管理中扮演着关键角色，它不仅仅是一个技术性的过程，更是科思创整体安全管理战略的核心组成部分。

科思创坚信做好隐患排查与治理的关键在于公司的每一个人做好每一天的日常安全管理，各司其职，主动识别、及时发现并解决隐患，在问题演变成严重事故之前进行干预。公司鼓励所有员工参与隐患排查，还会收集和分析隐患数据，识别出反复出现的问题及新的趋势，做到提前预防。员工在处理安全隐患的时候，从单一的事件本身延续到整改措施的全面覆盖，做到举一反三，坚决把事故隐患遏制在萌芽状态。

如何让安全文化的核心得到深度认同？

科思创的"零距离"安全文化理念覆盖管理层到一线员工（包含承包商），是自上而下和自下而上双向融合的安全文化，赋予员工在安全管理中的主动权，使他们从被动接受安全规则转变为主动参与安全管理，实现从"要我安全"向"我要安全"的积极转变。当每一名员工都成为安全文化的一部分的时候，安全文化的内核自然深入人心。

数智化应用赋能安全隐患管理

——上海施耐德工业控制有限公司

上海施耐德工业控制有限公司（简称"施耐德工控"）于1995年成立，主要生产接触器、热继电器、电动机断路器，是施耐德电气全球工业控制器生产中心。凭借卓越的制造能力和创新能力，企业先后荣获"国家级绿色工厂""上海市质量金奖"等荣誉。2024年，施耐德工控荣获世界经济论坛"端到端灯塔工厂"称号，成为

上海施耐德工业控制有限公司

"世界上最先进的工厂"之一。

　　随着企业业务规模的扩大和生产复杂度的提升，公司面临制造业传统安全风险和新技术新材料带来的新风险的双重安全挑战。产线岗位的风险程度因人员变动和设备状态变化而实时波动，企业响应风险变化后的应对措施滞后，而隐患发现报告的传统手段导致员工参与度低、效率低下，也难以实现隐患的快速整改。

　　施耐德工控建立健全安全隐患治理体系，通过目标导向、能力培育和数智化应用，依托安全隐患管理"I-Check+风险热力图"系统赋能企业安全管理。鼓励员工积极发现并报告潜在安全隐患，通过奖励机制增强员工的安全意识和参与度，从而有效预防和减少安全事故的发生。

设定正确的目标就是一个好的开始

　　施耐德工控每年制定详尽的年度安全管理目标，为确保目标的

员工自主上报安全隐患

顺利实现，公司为各部门及全体员工设定了清晰、具体的隐患排查目标，不仅涵盖了生产作业中的常规安全隐患，还深入办公环境、设备维护、应急响应等多个维度，力求实现安全隐患的全方位、无死角排查。

在此基础上，施耐德工控建立了定期检查和反馈机制，明确了安全隐患管理的具体负责人及职责范围。通过定期的安全巡查、专项检查以及员工自主上报等多种方式，确保每一项安全隐患都能被及时发现并记录在案。同时，公司还设立了严格的安全隐患处理流程，确保隐患能够得到及时、有效的处理，防止事态的进一步恶化。

此外，施耐德工控还落实了安全隐患管理汇报机制，定期召开安全管理会议，对隐患排查与处理的进展情况进行总结与汇报。让管理层及时了解企业安全管理现状，为后续的安全工作提供宝贵的经验与教训，推动企业逐步构建起一套行之有效、持续改进的隐患排查与预防机制。

履职能力的养成是实现既定目标的基础

在追求高效生产的同时，确保工作场所的安全是企业不可推卸的责任。施耐德工控建立了一套多维度、全生命周期的培训体系，旨在从源头上预防安全事故，共创一个更加安全的未来，为企业的持续健康发展提供坚实的安全保障。

岗前安全培训：奠定文化基础

新员工入职之初，通过系统的岗前培训接受安全文化教育。培训内容涵盖企业安全规章制度、个人防护装备使用、紧急疏散程序等，为新员工打下坚实的安全意识基础。

日常班前会议：强化知识传达

每日班前会议成为传达安全知识的重要平台。会议中，班组长不仅布置当日工作任务，还结合具体工作场景，强调潜在的安全隐患及防范措施，确保每位员工在开工前都能做到心中有数。

月度安全例会：分享事故案例

每月定期召开安全例会，通过真实事故案例的分享与分析，让员工深刻认识到安全隐患的严重性及识别隐患的重要性。这种直观的教育方式有效提升了员工的风险警觉性。

季度安全活动：深化安全意识

每季度组织安全主题活动，如安全知识竞赛、隐患随手拍等，不仅丰富了员工的安全知识，更在实践中增强了其应对突发事件的能力，进一步巩固了企业的安全防线。

"好马"配上"好鞍"方可事半功倍

施耐德工控借助数字化转型提升安全管理效率与安全水平，为隐患排查与整改工作带来了革命性的变化。

I-Check数字化安全隐患申报平台

I-Check系统具备两大强项。其一，该系统构建了智能化、即时变更、直观可视的查报体系。即时变更功能确保了信息的实时更新，而直观可视的查报界面则大幅提升了使用便利性。其二，I-Check系统成功地将所有员工引入查报体系，打破了传统隐患管理中信息孤岛的现象。当员工在日常工作中发现安全隐患时，通过I-Check系统即可轻松上报，激发了全体员工参与隐患管理的积极性与主动性。

I-Check系统展示

在I-Check系统的助力下，施耐德工控的隐患排查与整改工作形成了闭环管理。在发现安全隐患后，员工即可通过系统实时上报；随后，区域负责人对上报的隐患进行审核与分配，指定相应的整改责任人；整改责任人接单后，将按照系统提示的整改要求与时间节点，完成隐患的整改工作，并通过I-Check系统提交整改后的图片及措施，形成闭环管理。

集成安全风险热力图

为了更加直观地展示企业安全风险状况，施耐德工控创新性地集成了"安全风险热力图系统"。该系统深度融合大数据与可视化技术，将过往的历史隐患数据与企业实际布局相结合，精心绘制出一张生动直观的风险分布图。安全风险热力图以大屏形式在公司显著位置展示，清晰呈现了风险的地理位置分布，直观展示了风险的强度与密度，让员工都能实时了解公司安全状况，也为管理层提供了直观的决策依据。

该系统通过实时计算隐患风险分值（高、中、低），自动触发各层级（总经理、部门经理、主管、工程师）的提醒邮件，实现了从高层到基层的全员安全管理赋能。同时，针对高风险隐患，系统制定了明确的停线原则，进一步强化了安全管理的执行力。借助这一系统，管理层和工程师能够迅速锁定高风险区域，从而对症下药，制定并实施具有针对性的预防措施，显著提升了安全管理的效率与效果。

安全隐患追踪器

施耐德工控开发了"安全隐患追踪器"可视化平台，旨在对每一项已报告的安全隐患进行全面、细致的全程跟踪与详细记录，确保隐患从发现到整改的每一步都得到妥善管理。

为确保隐患整改工作的有效推进，施耐德工控建立了包括每日晨会、每周厂部会议以及每月安全会议在内的多层次、常态化的隐患追踪机制。通过这些会议，管理层能够及时了解隐患整改的进展

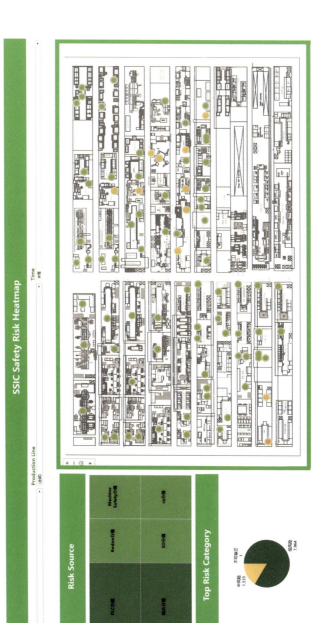

安全风险热力图

SSIC&SAP中高风险岗位提醒

CD Cell Data Store SSIC事件中心 < @alerts.se.com> 2025/1/7（周二）19:00

收件人 ZHOU; CUI; WANG; GONG; HE; QU; YANG;
CHEN; AN; HUANG; PAN;
ZHANG; XU; HU; JI
WU; Wang; SHAO

① 如果显示此邮件的方式有问题，请单击此处以在 Web 浏览器中查看该邮件。

↩ 答复   ↩↩ 全部答复   → 转发

📊 SO风险数据3分提醒_17359524O2.xlsx
21 KB

有以下岗位SO风险分值超过3分，请予以知悉，请负责区域的整改负责人及附件SO、线长、领班及时审批，谢谢！

数据明细（最多显示前30行，更多数据请查看附件）

时间	发起人	发起部门	区域	产线	岗位	SO分类	问题描述	来源	处理人	是否转集人	转集人	预计完成时间	状态	单项风险值	总风险值
2024-08- 09-14:00.0		生产部	SSAP	RAU-A1	RAU-A1-140	Environment-环境	包装桑掉落瓶太严重，包装的员工包裹再参都很戾尘，影响员工的身体健康	SAFE					处理中	2	6
2024-12- 18.52-00.0		生产部	SSAP	RAU-A1	RAU-A1-140	Tooling&Material&Facility-工装物料设备	冲洗机保护置偏出来的太小，员工蜜大逢条时容易撞到头，存在安全隐患。	SAFE					处理中	2	6
2024-12- 18.49-00.0		生产部	SSAP	RAU-A1	RAU-A1-140	Tooling&Material&Facility-工装物料设备	140工位员工取料时，型台需要螺钉太长，容易划伤手，存在安全隐患。	SAFE					处理中	2	6

中高风险分值提醒邮件

情况，协调解决整改过程中遇到的困难与问题，从而确保隐患整改措施得到有效执行。

通过不懈努力，施耐德工控在隐患管理方面取得了显著成效。近年来，人均安全隐患申报量达到了4.76条，这一数据反映了员工对安全隐患的高度警觉与积极态度，也让施耐德工控在安全事故方面一直保持着"零记录"。

量化激励确保员工始终做正确的事、正确做事

施耐德工控注重激发员工参与安全隐患申报的积极性与主动性，制定了一套完善的安全隐患申报及激励机制，旨在通过正向激励的方式，鼓励员工主动发现、报告并积极参与隐患整改工作。

员工申报4条质量高的安全隐患，即可获得240积分。这一积分制度不仅体现了企业对员工安全隐患申报行为的认可与鼓励，也激发了员工参与隐患排查的热情。此外，对于获评安全隐患排查季度优秀的员工，企业将额外奖励480积分；获评安全隐患排查年度优秀的员工，则将给予高达1200积分的奖励。员工可以使用积分，在平台兑换相应实物礼品。

施耐德工控还根据员工的积分累积情况及其申报的安全隐患质量、安全开班点检表现等，评选出"季度安全之星"与"年度安全之星"。这些荣誉为员工带来了职业上的成就感与归属感，激发了其参与安全管理的积极性与创造力。这一激励机制的构建与实践，不仅有效提升了员工的安全意识与隐患排查能力，也为构建更加安全、稳定的工作环境奠定了坚实基础。

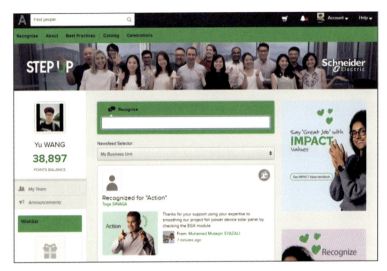

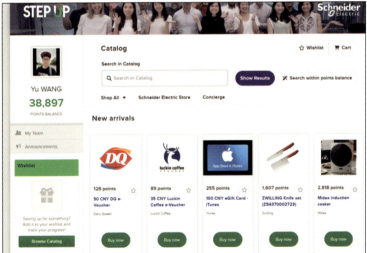

施耐德电气STEP UP积分兑换礼品平台

工厂总经理给产线优秀员工颁发奖品

案例启示及衍生效应

基于系统的安全培训——隐患报告推动沉浸式教学

施耐德工控通过I-Check系统长期对隐患管理数据的积累与分析，逐步构建了一套具有鲜明特色的隐患管理经验体系，这些成果为公司安全培训工作提供了坚实的支撑，基于员工上报的安全隐患信息，公司专门针对各岗位的隐患特点，自主研发了一套实操培训教具，定期对员工进行培训。开发的沉浸式AR操作实景教具，真实还原了由操作失误引发的血淋淋的事故现场，尤其让新入职员工对安全的重要性有了充分认识，取得了很好的教育效果。

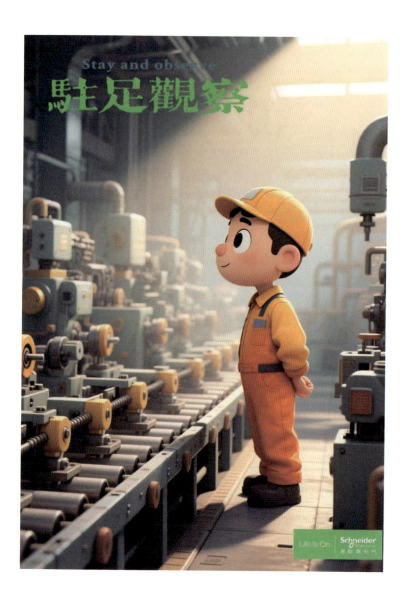

基于系统的安全措施——隐患报告推动风险实时掌控

同样通过I-Check系统的数据积累，公司加强了对高风险设备和区域的实时监控与预警，对重点风险部位设备根据实际情况加以更新与改造，利用加装安全锁及配备自动安全停机系统等方式提升安全防护级别，从本质安全的角度确保风险始终处于可控状态。

此外，通过共享安全风险热力图，不同部门之间可以更加便捷地沟通协作，共同制定风险管控方案，形成合力。不仅增强了施耐德工控的安全风险管控能力，还促进了企业内部各部门的沟通与协作，提升了整体安全管理效能。

"三化一励"
激发隐患排查治理新成效

——上海仪电（集团）有限公司

上海仪电（集团）有限公司（以下简称"上海仪电"）秉持"致力于成为智慧城市整体解决方案提供商与运营商"的愿景，赋能经济数字化、生活数字化、治理数字化，成为上海城市数字化转型建设主力军。

上海仪电在安全管理方面存在三个特点：一是点多面广，业态多元，安全管理维度复杂；二是电子制造、建筑施工、交通运输、检验检测等传统行业安全风险以及集体宿舍、老旧园区房屋等历史遗留问题依然存在；三是大数据、智算中心等新一代信息化产业新风险不断增加，企业转型发展面临新挑战。

上海仪电以"标准化""实践化""智能化""及时奖励"统领隐患排查治理机制建设，通过建立健全隐患排查管理制度、更新完善安全生产检查标准、持续构建仪电安全生产标准化体系、自主编制安全生产培训教材、系统推进仪电安全生产双平台建设，多渠道促进事故隐患内部报告奖励机制运行取得实效。

标准化——统一隐患排查治理手势

一是定制度

上海仪电依据《仪电集团安全生产责任管理规定》等制度，明确了各级单位和领导干部在事故隐患排查、报告、治理等方面的具体职责，并实施安全生产专项检查和事故隐患排查治理安全专家参与制度。下属单位须在《隐患排查及现场检查记录单》上记录，并由检查组长和当事人签字确认。隐患排查治理记录应及时在监管平台"隐患排查及现场检查记录"模块备案，直至隐患消除、验收、核销闭环。针对事故隐患治理实施定标、定人、定责、定时、定线、定区域的"六定"管理，并按照隐患排查治理措施到位、责任到位、资金到位、限时到位、预案到位的"五到位"要求落实隐患整改。

二是修标准

上海仪电在综合考量重大事故隐患排查整治专项行动、安全生产治本攻坚三年行动以及公司实际情况的基础上，经过对基层单位的细致调研，对新业态和新行业的安全管理要点进行了详尽的梳理，并广泛地征询了下属单位的建议，联合上海市安全生产科学研究所，将安全检查及评价标准细分为重要设施设备装置、重点监管场所（点）以及特殊危险作业三个主要类别，完成了《上海仪电安全检查及评价标准（2024版）》的编制。此安全检查及评价标准共包含64项检查标准，涵盖了电动自行车集中停放场所、电化学储能电站、民用燃气安全检查及评价标准等在安全新形势下的关键风险点。在每项检查标准中，对不同种类的隐患进行了明确的界定和分级，并针对某些特定隐患制定了标准样例及图示，为员工进行风险排查提供了便捷的操作指南。同时，上海仪电根据最新行业重大事故隐患的判定标准，并结合集团实际状况及所涉行业领域，制定了《仪电集团重大事故隐患判定标准（2024版）》，对集团涵盖的十个行业领域的重大事故隐患判定标准进行了重新梳理和明确，为隐患的排查治理工作奠定了重要基础。

实践化——增强隐患排查工作的执行力

一是勤培训

编制具有针对性的培训资料，是上海仪电增强全体员工隐患排查能力的关键措施。上海仪电结合企业实际情况，融入仪电的实践经验并结合行业特性，于2024年6月自主编制并发布了《上海仪电企业负责人安全生产培训教材》和《上海仪电安全管理人员安全生产培训教材》两本教材，培训资料涵盖了企业事故隐患排查整治工作中的技术类和行为类安全管理要点，包括电气、特种设备、消防、临时用电、起重吊装、有限空间作业等。同时，也包括了场所类和行业类安全管理要点，如互联网数据中心、人员密集场所、园区等。资料还详细说明了事故隐患的识别、报告流程和奖励激励等内容，为员工能够第一时间准确发现隐患提供参照。

二是树规范

上海仪电制定《仪电集团安全生产标准化规范》，自2022年开始开展仪电专项安全标准化评审工作（内部专家与外部专家协同进行事故隐患排查）。2023年上海仪电创新性地提出了取证评审、监督性审核、重点要素审核三种评审方法，更有针对性、更有侧重地进行事故隐患排查等工作。2024年上海仪电继续对30家基层企业开展安标评审，同时结合安全生产治本攻坚三年行动，重点开展消防安全、电气安全、厂房仓库、整租地块等重大事故隐患排查工作，形成内外部安全专家联合开展风险辨识、隐患排查的工作机制。上海仪电从完整性、适用性、合理性、独特性四个维度，自主修订《上海仪电安全生产标准化规范及评审细则》，现已通过专家评审。

智能化——在算法迭代中找寻隐患治理最优解

上海仪电立足自身领先的信息化设备及系统赋能安全生产，自2008年起，开发并运行使用集团安全生产综合监管平台。该平台融合物联网、大数据、云计算先进技术，聚焦企业安全生产全流程管理，逐步构建了一个体系完整、架构清晰、流程顺畅、责任明确、运行高效的安全生产管理系统，从而全面提升安全生产数字化管理水平。通过科技手段，实现了对事故隐患的报告和管理，以安全信息化双平台（手机安全活动平台、安全生产综合监管平台）为抓手，实时收集和分析各类事故隐患数据，精准识别潜在隐患，综合展示整改进度。各级企业积极利用手机平台，组织全员参与"仪电啄木鸟在行动——事故隐患排查"活动。集团通过监管各级企业手机平台的及时率、参与率、有效率、整改率、兑换率等九个关键指标，持续提升企业隐患排查参与度及安全管理水平。员工随时随地通过便捷的手机平台向企业报告事故隐患信息，落实全员安全岗位责任；企业安全管理人员对员工上报的事故隐患进行有效性审批，审批通过后，企业相关负责人将实时跟进落实事故隐患整改。整改完成后，由上级单位进行核查，核查通过后即完成闭环管理，通过上级核查机制确保所属企业落实安全生产主体责任。双平台对事故隐患信息进行自动分类和流转，显著提升了事故隐患排查治理效率。

上海仪电所属企业在安全管理信息化建设中积累了较为丰富的管理经验，各单位根据企业实际需求，建立不同的安全监管平台。例如，云赛智联的智慧化监管平台，实现了施工现场安全信息的实时监控和风险预警，为安全施工风险和事故隐患的实时展现提供支撑。平台通过互联网、通信网、物联网传输数据，并提供统一的信息化系统，便于信息管理。又如，华鑫置业的智慧园区数字化管理平台整合了园区信息，利用3D建模和数字孪生技术，实现了园区的全面管理和可视化监控。该平台通过集成智慧安防、智慧能源等管理维度，提高了事故预防和应急处理能力，推动了消防安全管理从传统方式向技术驱动和主动管理的转变。

上海仪电安全生产综合监管平台

华鑫物业智慧安全综合管理平台

及时奖励——物质与精神双重职业认同感的飙升

"舍得花钱"，才能"不浪费钱"

上海仪电制定《上海仪电手机安全活动平台管理办法》，各下属单位根据企业实际，制定灵活多样的隐患报告激励机制。员工通过参与隐患排查与安全问答等安全活动，能够获得相应的积分奖励。企业则通过实施积分兑换的物质奖励措施，进一步激发员工参与隐患排查的积极性与专业性。同时鼓励安全生产奖励更多地惠及基层员工，采取隐患"随手拍"活动积分兑换奖励、专业人员安全贡献奖励等多种激励措施。2024年，上海仪电共计投入激励奖金565万元，其中手机平台隐患排查积分兑换奖励159.86万元、奖励9743人次，比2023年兑换奖励金额100.35万元增加59.3%，切实推动安全保障"新引擎"发挥功效。通过奖励机制有效运行，上海仪电近年来生产安全（含火灾）事故起数以及事故实际损失金额呈逐年下降趋势，且降幅显著，体现出事故隐患报告奖励机制对企业隐患排查整治的明显成效。

懂得"如何尊重"，才能实现"有效激励"

《上海仪电安全生产责任管理规定》将双平台的事故隐患排查等开展情况纳入企业年度安全生产履职考核，规定各下属企业对发现重大事故隐患的人员实行安全生产单项奖励。上海仪电注重发挥安全榜样力量，在年初对年度表现突出的个人，给予优秀管理者和优秀工作者荣誉称号。近年来，上海仪电积极推进安全专家和讲师队伍建设，现拥有以安全生产为特色的上海市劳模创新工作室1个、内部安全专家9人、内部安全培训讲师12人，3位安全条线专业人才受到"最美仪电人"表彰，他们积极参与事故隐患排查等工作，发挥先锋模范作用，激励更多安全管理人员及一线员工共同保障企业的安全运行。

集团内部安全专家赴刘军劳模创新工作室开展工作交流学习

案例启示及衍生效应

隐患报告奖励机制丰富了全员参与企业治理的实践路径

上海仪电通过实行事故隐患报告奖励机制，员工参与隐患排查工作的积极性高涨，近年来，集团系统隐患"随手拍"活动参与率从83%上升至97%，接近全员参与的状态，极大推动了全员安全生产责任的落实。而在激励落实方面，近些年集团系统的积分兑换率逐步提高，达到了93%，让更多员工获得了实在的物质激励，充分调动了员工参与的积极性。在参与隐患排查与报告的过程中，员工的安全意识不断强化，也让员工有了更强的归属感。

隐患报告奖励机制推动了安全文化的广泛传播

上海仪电秉持坚持、卓越、专业、品质的核心价值观，鼓励企业内部进行隐患排查与整治的经验交流，促进各单位之间的相互学习与借鉴。通过开展"安鑫班组"和"读书会"等活动，公司促进了员工之间的交流学习，激发了更多员工积极参与到隐患排查等安全生产工作中，进一步形成了"人人讲安全、个个会应急"的良好氛围。

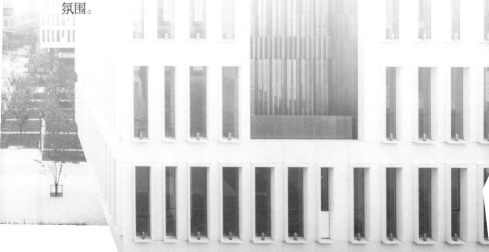

智慧赋能安全，奖励激发活力

——正泰电气股份有限公司

正泰电气股份有限公司坐落于上海松江，为正泰集团旗下智能电气板块的核心子公司，在西北、东北、中部等重点经济发展地区设立了8个制造基地，是一家具备总包服务能力的智能电气与能效解决方案提供商，产品涵盖750 kV及以下电力变压器、高压开关、中低压成套设备等150多个系列，被纳入上海市20家重大产业升级

项目。

随着企业规模的持续扩大和业务领域的不断拓展，企业除了面临传统的触电、火灾、机械伤害等安全风险外，人工智能等新技术涌现带来的人机互动安全风险、智能设备应用风险等新型风险隐患，以及新、老风险耦合带来的安全不确定性增多，依靠人工巡查、经验判断等常规安全管理方式已难以满足现代企业对安全高质量发展的需求。正泰电气制定了《正泰电气事故隐患内部报告奖励办法》，依托"全员投入+有效激励"发挥好"人"的主观动能，依托"数字赋能+联防联控"展现"智"的客观优势，进一步科学、系统、高效提升安全管理能级。

正泰电气股份有限公司车间

你以为的"全员投入"，可能还不够

与很多传统的制造企业一样，随着企业对成本效益管控的压力持续攀升，对用工灵活性和可扩展性的需求持续增加，对快速获取特定专业技术能力的需求持续增加以及企业业务全球化水平持续提升，正泰电气也面临从业人员多元化的趋势。通常情况下，在事故隐患发现和报告过程中，往往因为项目承包企业及员工不隶属于发包企业直接管理，产生"铁路警察、各管一段"的情况，而如果需要承包企业共同参与，人员流动性大、成本过高等因素也会导致发包企业放弃这个念头。但正泰电气的事故隐患内部报告与奖励机制面向企业所有从业人员，无论是管理人员、技术人员还是一线工人，甚至是临时聘用人员和被派遣劳动者，都可参与到隐患报告中来。这种全员参与的模式，极大地拓宽了隐患发现的渠道，有效扫清了隐患排查治理的盲点盲区。在全员参与模式的成本控制上，正泰电气为隐患报告提供了多种便捷的途径，包括通过电脑端登录正泰内部网站、移动端登录"正泰飞讯"、扫描二维码、投递意见箱、发送电子邮件或直接致电等多种方式，满足了不同类型、管理关系的员工提报习惯和场景需求。员工可以根据实际情况选择最方便的方式进行提报，有效提高了隐患报告的及时性和积极性。

此外，随着参与率的提升，也需要以更加直观的方式对参与效果进行展现。为此，正泰电气针对人的不安全行为、物的不安全状态、环境的不安全因素以及安全管理存在的缺陷和漏洞等四个方面不同隐患事项设定了相应的奖励积分值。如提报违反安全环保规章制度的行为奖励30分、报告管理人员违章指挥奖励50分等，规范了提报处置与反馈流程，企业安全管理部门每周组织对提案进行审核与确认，审定提案采纳或不予采纳意见反馈至提报者，并将被采纳的提报信息传递至相关归口管理部门负责人组织整改，同时对提报整改落实情况进行监督。提报人可通过"正泰EHS管理平台"和"正泰全员卓越改善平台"实时了解所提报隐患的处理进度及整改落实情况等相关信息。

有效的激励，不止于个案

正泰电气对事故隐患内部报告实行物质奖励和精神奖励相结合的机制。一方面，加强对事故隐患提报质量的评估审核，由安全生产管理部门牵头相关业务部门成立"隐患提报评审委员会"，每月组织对提报的提案进行评审，在剔除无效提报内容的同时，全面发现对促进安全生产工作有积极意义的好建议好方案，并对提报奖励结果给予公示；另一方面，对个案提报及时落实奖励措施，按照每1积分奖励金额人民币1元的原则，对获得积分的员工以奖金或等价值奖品的形式发放，一般在提报奖励结果公示次月兑现奖励。通过对隐患提报、审核确认、整改落实到奖励发放等各环节的管控，对个案事故隐患报告处置形成了一个完整闭环，确保所提报隐患得到及时有效的处理。

当然，仅有个案的发现处置，只能在"点"上确保安全，而提升发现报告事故隐患的能力，才是报告奖励机制能够长期有效运行的关键。正泰电气为积极调动一线车间安全管理能动性，设立专职安全管理专项岗位补贴、团队安全激励奖和项目激励奖金。其中，对任职专职安全管理、环境管理岗位满一年的员工，并获得国家注册安全工程师、环保工程师资格或消防工程师执业资格的，实施初级职称补贴1500元/月、中级职称补贴2000元/月、高级职称补贴3000元/月、无职称补贴1000元/月的激励机制，有效提升一线岗位员工主动学习掌握安全管理知识和技能的积极性。同时，对安全管理专职团队设立20万元/年安全激励奖金池，对车间一线主管设立70万元～80万元/年安全激励奖金池，并与年度目标指标直接挂钩，设置车间风险系数、管理幅度系数等指标，确保"奖优罚劣"落实到位。

此外，正泰电气还对组织开展事故隐患提报工作较好的部门和个人，在绩效考核、评优评先及人员晋升等方面予以倾斜，强化激励引导。

数字赋能+联防联控

正泰电气依托人工智能、大数据、物联网、视频AI等技术与安全生产管理融合，加速安全生产从静态分析向动态感知、事后应急向事前预防、单点防控向全局联防的转变，运用科学化、智能化手段，实现安全风险早发现、早预警、快处置，建立企业安全风险监测预警平台，全面提升企业安全风险辨识、防范、化解能力，切实从根本上消除事故隐患，提升本质安全水平。

建设"正泰安全行为预警系统平台"，提升不安全行为监测预警能力

企业对输配电制造工艺安全风险分析，聚焦对员工劳动安全防护、人员违规入侵、高温明火等场景实现监测预警，探索通过信息化手段提前监测预警生产制造中的员工不安全行为，及时快速处置。实施对原有视频监控升级改造，增设400余路高清视频监控和智能AI视频终端，实现区域视频全覆盖，融合背景广播系统+智能监控系统+可视化管理系统，实现生产现场全方位全天候24小时监

正泰安全行为监控系统平台

控，通过AI视频技术实现对作业现场员工未规范佩戴安全帽、违规入侵越界高风险区域、重点区域高温火焰等不安全行为智能识别查证、自动巡视和三级（公司、制造部、车间）响应处置，确保所有识别预警事件闭环管理。初步实现"事前预警、事中监测、事后处置"的能力，通过大数据强化了线上线下监管，有效规范作业现场员工安全行为，并提升本质安全信息化水平。

搭建"正泰EHS管理平台"，提升安全生产管理信息化水平

为解决EHS管理信息孤岛、危险作业审批时间长、传统安全培训教育局限性效率低、隐患排查治理闭环管理难等问题，以及为适应公司区域化布局高质量发展要求，企业结合自身EHS管理流程和行业信息化管理经验打造了"正泰EHS管理平台"。平台涵盖安全风险分级管控、事故隐患排查治理、培训教育、职业健康、危险作业、相关方管理、设施设备、消防安全等20余个管理模块，实现公

正泰EHS管理平台系统

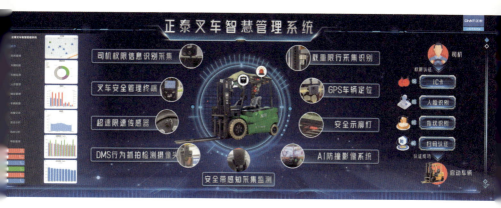

正泰叉车智慧管理系统

司安全环保信息互联共享、风险动态管控，为管理层提供EHS管理决策，为执行层提供了便捷的管理工具，促进EHS管理优化升级。

构建场景化应用平台，提升专项领域风险隐患发现能力

例如在防范机械设备风险上，正泰电气应用"正泰叉车智慧系统平台"，利用安全新技术智能化手段提升叉车本质安全水平。通过在对现有叉车加装智能终端、智能传感和AI视频监控，实现对驾驶司机的指纹、人脸识别，对驾驶司机未规范佩戴安全带、打瞌睡等不安全行为实时监测预警。为防止叉车运行过程中的碰撞风险，加装AI防撞系统，实现叉车前后三级防撞预警，以及超速和超重预警，实时监测车辆位置和车辆运行状态，并对驾驶司机资质及车辆信息管理实现线上管理。系统平台还将对数据进行自动采集和统计分析，为管理者改进提升公司叉车安全管理提供数据支撑。

例如在防范人员触电风险上，正泰电气研究应用"电气试验防入侵预警系统"，通过在试验区加装热成像双光谱摄像机、声光警戒摄像机、智能光栅设备、布撒防系统等智能化设备，实现在人员闯入或人员滞留试验区时，自动监测、声光报警，并立即联动中控台停止实验作业功能。切实做到"能监测、会预警、快处置"，极大提升高压试验站本质安全。

案例启示与衍生效应

事故隐患发现报告奖励机制是员工参与企业日常治理最直接的途径

自隐患报告奖励机制实施以来，正泰电气的隐患发现数量呈现出显著增长，较机制实施前增加了2倍以上。不同类型的员工越过

电气试验防入侵预警系统

身份壁垒、岗位壁垒、专业壁垒，积极主动地参与到隐患排查中；从生产现场的设备设施到作业环境，再到安全管理的各个环节，都成了员工关注和发现隐患的焦点。这种参与方式有助于使企业员工个人目标与企业发展管理目标融合，有助于员工之间相互关爱关心、共同提高安全认知，有助于铸牢员工与企业命运共同体意识。

事故隐患发现报告奖励机制是员工个人安全意识和能力养成的最佳方式

隐患报告奖励机制的实施，不仅让员工更加关注安全生产，还促使员工主动学习安全知识和技能，提高自身的安全意识和能力。员工们在发现隐患的过程中，不断积累经验，对设备设施的安全性能、作业环境的安全要求以及安全管理的规章制度有了更深入的了

解和掌握。同时，通过参与隐患整改和提出整改建议，员工的应急处置能力和问题解决能力也得到了显著提升。

事故隐患发现报告奖励机制是提升企业安全管理效率最经济的手段

随着隐患发现数量的增加，企业能够及时发现并消除大量的安全隐患，从而有效预防各类安全事故的发生。自机制实施以来，正泰电气的事故起数和事故损失均呈现出大幅下降的趋势。重大安全事故实现清零，各类可记录险兆事件发生频率也降低了30%以上，企业的安全生产形势得到了显著改善。而对此，正泰电气却只用了占安全生产投入不到4.5%的费用。

"卓越"引领安全

——开利空调冷冻系统（上海）有限公司

　　开利空调冷冻系统（上海）有限公司（以下称"开利宝山基地"）是开利公司和上海电气集团创立的中外合资企业，汇聚了开利先进的技术工艺、项目执行力与卓越的制造能力、产品质量和安全运营能力，拥有多条主机产品、空调末端设备以及压缩机产品生产线，产品涵盖大型商用、家用、轻型商用领域的中央空调主机及

空气端产品，持续为中国乃至全球客户提供高科技暖通空调及冷冻解决方案。

开利宝山基地拥有多元化的产品生产线，也会有较多的非标产品，现场管理动态性强。大型压缩机、机组产品的吊装和登高作业频繁，机械手、冲床、高压试车台等各类生产比比皆是，大到一台龙门吊，小到一个螺丝钉，安全风险点的多样化给安全管理带来巨大挑战。

开利宝山基地以"四个卓越"为引领，依托全员发动、数智赋能、丰富奖励和体系建设，拓展事故隐患排查治理渠道，精细化安全风险辨识与管控体系，在追求卓越制造的征程上尽显安全管理行业标杆风采，荣获"宝山区安全生产典型示范企业"等多项荣誉称号。

全员发动——以卓越领导力带动群策群力

上至管理顶层，下至一线基层，开利宝山基地隐患排查工作贯穿全领域各层级。总经理与管理层，每周深入生产一线。2024年共开展专项检查42次，发现隐患679条，主要是制度规则管理缺陷和干部职工疏忽大意视而不见造成的隐患。EHS部工作人员每日巡查车间各个角落，全年巡检排查各类隐患2304条，主要聚焦制度执行、技术措施落实、劳动防护到位情况等；车间经理、主任、班组长充分发挥现场管理优势，结合工艺要求、操作规范等开展隐患排查，全年排查各类事故隐患427条，深度关注生产线运转调试过程中的动态风险隐患；基层一线员工既是工厂的安全触角，也是安全的最后一道防线，既要关注自己，也要关注他人，全年上报各类险兆隐患253条，始终聚焦安全意识的养成和应急能力的培塑。

开利宝山基地隐患排查数据

其中，针对高风险隐患的"STOP"机制更是守牢安全底线的闸门。公司明确规定所有员工在遭遇高风险作业，察觉到可能危及自身安全的瞬间，必须毫不犹豫地立即停止作业，同时鼓励员工及时上报身边的"STOP"，并对积极上报者给予奖励。例如，2024年3月，一员工在开班点检时，发现焊接用的丙烷气软管出现泄漏，他第一时间果断关闭丙烷气管道，随后迅速上报领班和主管，并即刻报修，待维修完毕确保安全后才重新开启作业流程。2024年，各个层级人员上报和检查发现的"STOP"共计111条，其中因新转子压缩机项目施工及日常施工引发的就有52条。对此，工厂强化严格的承包商作业安全流程，包括严谨的入厂申请、细致的工器具检查、全面的风险评估、专业的培训，施工安全情况每日在领导群公示，对违规承包商严肃约谈，将劣迹承包商列入EHS否决名单。另外，增设承包商作业安全晨会机制，从严开具承包商安全违约单，从源头遏制高风险隐患。

数智赋能——以卓越创新力提升管理效能

开利宝山基地依托"卓越云"数智化信息系统完成隐患排查记录、报送、整改、验收等全流程闭环处置。管理层、EHS部门以及各级员工一旦发现安全隐患，就可打开手机App，将隐患信息迅速录入系统。负责部门收到短信通知后立即响应。负责部门完成整改后，在系统提交整改证据。之后EHS部门进行审核，若审核通过，则隐患记录关闭；若审核不通过，立即退回，由负责部门重新整改，确保每一条隐患完成闭环整改。

EHS部门还能凭借系统导出和分析功能，统计隐患问题类型的占比，洞察近期隐患频发的类别，进而展开专项攻坚。通过系统可发现整改拖沓、效率低下的部门，便于职能部门及时督促整改。

在信息传递与展示方面，"卓越云"同样表现卓越。工厂每条生产线都矗立着醒目的"卓越云"电子看板，员工抬眼望去便能轻松获取本生产线所有与安全紧密相关的信息，包含岗位风险评估、人机工程评估、劳防用品佩戴标准、安全文化宣传、生产线使用化学品MSDS等资料。

在班组每日班前晨会上，"卓越云"设计的晨会看板也是一大亮点，EHS部门每周上传图文并茂的"EHS时刻"，涵盖防灾减灾知识、高温天防暑降温培训、开利总部最新安全标准制度宣贯、兄弟公司事故警示举一反三学习等丰富内容。

卓越云系统除了能有效跟踪EHS隐患整改外，还能对作业现场噪声进行监测。在开利宝山基地作业现场共安装了33个噪声监测仪，它们每分钟监测1次并将数据上传至卓越云系统，管理部门可

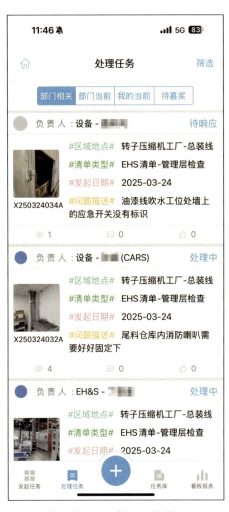

"卓越云"App隐患发起界面　　　　整改部门隐患整改任务界面

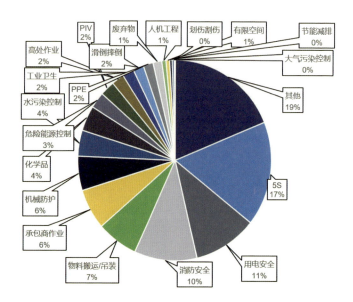

2024年第4季度隐患问题类型占比

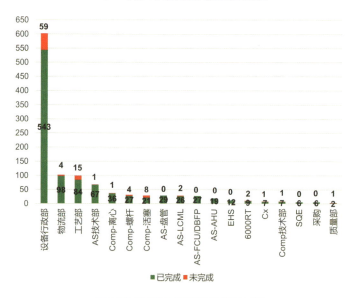

2024年第4季度隐患整改情况统计

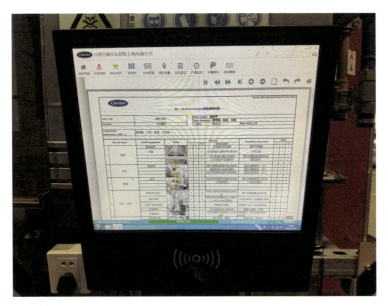

产线"卓越云"看板安全信息展示

通过"卓越云"晨会看板进行晨会安全培训

实时查看各点的噪声值是否超标。通过"卓越云"系统可对噪声数据进行分析、确定噪声源、制定并落实有针对性的改善措施，有效地降低噪声对员工的影响，给一线员工营造安静、舒适和健康的工作环境。

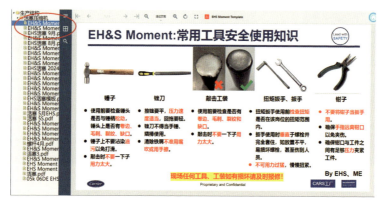

"EHS时刻"安全培训内容

"卓越云"噪声监控看板

丰富奖励——以卓越感染力凝聚安全共识

开利宝山基地设立隐患上报积分奖励机制，并进一步搭建起一线员工与管理人员沟通的桥梁。员工通过手机App上报隐患和合理化建议，经部门整改、跟踪、验证和EHS部门、业务部门等综合评审，结合风险等级、隐患大小、整改难度、建议可行性等指标，相应赋予具体分值，累计积分可在"卓越云"商城兑换丰富奖品，小到一个价值数十元的帆布包、手机支架，大到价值数百元甚至上千元的电子产品，仅2024年全年通过商城兑换的奖品价值就超过2万元。在此基础上，每年初通过相应渠道听取员工意见，及时更新奖

积分商城丰富的奖品兑换

品内容，实现将员工需求与企业安全管理目标有效匹配，确保正确的隐患排查激励导向——即用自己的努力换来自己想要的结果，给员工以无需依赖他人的强烈安全感，自主追求目标，赋予员工在安全管理上的充分自信。

依托相应奖励机制，开利宝山基地仅需在总的安全投入中划出不到百分之一的费用，便能产生大于百分之百的效果，并有效打造更加凝聚人心的安全文化。

体系建设——以卓越思辨力推进可持续管理

开利宝山基地针对每一起风险隐患、每一起未遂事故都会深入思考、研究、分析，从而推进相应的管理体系动态更新完善。

工厂建立了一套精准清晰的风险辨识和管控体系，在严格落实政府推进的安全风险分级管控机制外，针对每一个工作岗位，生产部门牵头组织相关部门协同开展风险辨识，对于高风险岗位，坚决整改，达标后方可作业。维修、承包商施工等非常规作业，提前落实全面的非常规作业风险评估；每一台机械设备，都有量身定制的设备机械防护安全评估；每个作业岗位，都进行深入的人机工程评估。诸如410A储存充注系统这类重大危险工艺，更要开展严谨的危险工艺安全评估，确保化学品的规范安全使用。工艺、设备、布局等但凡有变更，全方位的变更管理评估立即跟上。例如，工厂深度剖析"STOP"排名前三位的问题，发现用电安全和使用设备的问题相对突出，除日常加强培训外，责令相关责任部门对风险较高、出现次数较多的"STOP"进行深入的DIVE（Define，Investigate，Verify，Ensure）根本原因分析，制定并落实切实有效的改善措施，筑牢安全防线。

工厂重视未遂事故的逐起分析研判。一方面重视自己的问题。当一起未遂事故发生，工厂会迅速组织力量，展开全面分析，撰写翔实严谨的事故报告，并以季度为周期，对公司整体未遂事故进行汇总剖析，精准确定近期工作重点，将事故苗头扼杀在萌芽状态。另一方面借鉴别人的经验。充分利用开利集团的国际化优势，充分吸取全球80余个制造基地发生的各类事故的教训，依托开利总部发布的下属企业HIPO（高风险潜在）事故警报，有针对性地开展自查自纠，落实警报上明确要求的各项防范措施。仅2024年全年，就已落地29个HIPO事故的防范措施，有效避免了他人教训在自己身上重演。

案例启示与衍生效应

从开利空调的创始人威利斯·开利博士在匹兹堡火车站台受雾气启发，设计出世界上第一套现代空调系统开始，责任、创新、实现员工个人价值、体系化管理就始终伴随着包括安全生产在内的每一个企业运营管理环节，并引领可持续发展。

让安全责任书不再成为一纸空文

开利构建了实现全员安全生产责任制的更好平台。"与其事后算账，不如即刻行动！"这是开利宝山基地一贯秉承的管理理念，将包括管理层在内的各层级安全生产责任，直接嵌入相关人员岗位工作职责，并与整体工作绩效考评联动，这远比单独考核安全生产工作效益更优。

创新是永恒的主题

将创造革新、专注研发主营业务的衍生效应进一步扩大到安全生产管理之中，确保生产经营活动信息与安全生产管理信息通过"卓越云"这个统一平台全面融合，从而有效避免出现信息不对称、管理两张皮的现象。

始终倾听员工心声

重视员工个人和企业文化的多样性，致力于员工和管理人员的全面发展。安全生产工作有时较难量化，与其由单位给个人设置目标，还不如让员工自己设置标杆，比如积分制的管理，通过分值的提升显化安全工作实绩，从而在实现员工自身需求和自我价值的过程中达成安全生产管理目标，这无疑是最为经济的管理手段。

更加重视构建体系

相较于"头痛医头、脚痛医脚"式的传统静态管理和简单应急思维，动态化的体系管理和防患于未然的理念才是安全生产工作保持旺盛生命力的关键所在，而这也是开利所坚持的安全管理内在逻辑。这些都源于颗粒度更加细化的风险识别与评估、反应度更加灵敏的隐患排查与预防和专业度更加深入的分析与研判，并最终形成一套完整的思维逻辑和制度体系，确保"心里所想"和"实践操作"保持高度一致。

一路繁花的安全底色

安全魔法，守卫神奇

——上海国际主题乐园有限公司

上海国际主题乐园有限公司作为上海迪士尼度假区的开发、建设和运营主体，始终坚持"安全、礼仪、包容、演出、效率"五大关键要素。在这些要素中，安全始终占据首要位置，是迪士尼做任何事情的基础。

安全关键要素

五大关键要素

上海迪士尼度假区年接待游客已超过1300万人次，游乐设施全年无休，每日运行时长达10～12小时，游乐设施的组件年使用量相当于航空或汽车工业的40年累积。在日常运营、设施维护、创意构思及活动执行等众多方面，均对安全提出了严格的要求：实现"零伤害"的安全愿景，确保游客、演职人员及合作伙伴的身心健康与安全得到充分保障，在乐园中体验每日的美好与神奇。

为确保安全理念转化为全体演职人员共同遵守的行为规范，从而营造一个既充满欢乐又绝对安全的梦幻乐园，上海迪士尼度假区实施了一套独特的事故隐患内部报告奖励机制。该机制全面覆盖了设计、建设、运营以及文化等迪士尼特有安全管理体系的各个方面，助力度假区文旅消费安全发展。

独到的多重报告机制

即刻认可——让每一个员工主动关注安全，正确理解好的安全行为

在上海迪士尼度假区，安全不仅被视为一项基本职责，更已内化为一种企业文化，深深植根于每一位演职人员①的核心价值观之中。

当演职人员被发现"好的安全行为"②时，任何发现者就可以通过"即刻认可"平台，向其直接发送"安全奇兵卡"，表示对该安全行为的认可。收到"安全奇兵卡"的演职人员，将有机会参与

①　迪士尼将所有员工统一称为演职人员，从总经理、演员、乐手到餐厅服务员、保安、保洁都包括在内。

②　迪士尼将主动地执行超出预期的安全行为都视为好的安全行为，例如：工作中发现他人没有佩戴安全眼镜时，主动前去提醒他人正确佩戴。

"即刻认可"系统首页

"即刻认可"界面

"报告安全隐患"界面

每月1次的幸运抽奖活动，赢取奖品兑换券。

报告安全隐患——安全管理部门与各业务线共商共治安全，及时发现不安全的行为

鼓励隶属于不同部门的所有演职人员通过应用程序"奇妙通"安全板块专设的"报告安全隐患"模块，随时上报工作过程中所发现的安全隐患。安全服务部在接获报告后，将与相关业务部门协作进行风险评估。基于评估结果，制定具有针对性的改进措施，并跟踪落实情况。

以"野营车"攻坚战为例，演职人员发现游客推行的野营车可能引发多种潜在风险，包括大型野营车辆随意停放于疏散通道从而影响疏散客流的离场速度和安全等。根据这些隐患报告反馈，管理层启动了专题调研，并邀请了上海国际旅游度假区管委会的相关政府职能部门参与，共同探讨治理方案。最终，通过协商，形成了"游客入园须知"的修改方案，明确了禁止野营车入园的规定。

野营车随意停放

野营车禁入标识

拓展事故隐患报告的主体——承包商与游客

在上海迪士尼度假区，除了演职人员外，承包商亦是确保度假区安全运营的重要参与者。每当夜幕降临，度假区结束其璀璨烟花表演并闭园之后，数千位承包商员工进入度假区，在夜色中参与度假区的新改扩建项目，以及设施维修维护和保洁等工作。在施工承包商管理中引入了迪士尼事故隐患内部报告奖励机制后，实现了从"合规—沟通—合作"到"合规—参与—沟通—合作—培养"的升级，创立了"承包商安全绩效评分系统"。该系统从五大核心维度入手，分别是"安全检查和安全审核""违章和事故""安全培

**承包商
安全管理
体系**

- 承包商安全管理系统
- 安全协议&安全实践手册
- 安全作业指南系列
- 承包商安全委员会
- 安全绩效考核系统
- PTW作业许可证系统

迪士尼承包商安全绩效评分系统

训""安全管理和安全领导力""激励认可"，对表现优异的承包商季度和年度给予认可和奖励，进一步强化了承包商的参与感。

对于每日接待数以万计游客的超大型游乐场所而言，安全的游乐体验不仅依赖于演职人员的高质量服务，也取决于游客自身的安全认知和安全行为。

上海迪士尼度假区在每年6月和11月分别举办"安全月""消防月"主题活动，活动通过路演、安全知识讲座、有奖问答等多种形式，向游客普及安全知识。上海迪士尼度假区还有一个贯穿全年的"热爱安全"的特色项目，通过发放安全贴纸、播放安全教育视频和组织各种寓教于乐的小游戏，使游客在享受游玩乐趣的同时学到安全知识，也能更友好地提醒游客遵守安全体验规则，实践证明该系列安全贴纸能正面积极影响游客的行为；游客有优秀行为表现的，演职人员还可能会当即给予"礼仪之星"的奖励，赠送游客徽章或其他小礼品，甚至邀请游客加入花车巡游队伍，让游客体验到如同明星般的荣耀和喝彩。

迪士尼"热爱安全"的特色项目

迪士尼"消防月"主题活动

有效的及时奖励机制

安全英雄——奖励，不只是钱的问题

依据潜在风险的严重性、可能引发的后果以及上报人员的贡献程度，上海迪士尼度假区制定了差异化的奖励政策，分别设置了优秀安全行为、卓越安全行为、安全榜样和安全英雄等个人奖项，以及卓越安全实践、最佳安全委员会和最佳安全表现部门等团体奖项。

安全服务部负责每月推荐杰出的安全行为案例。经公司安全委员会讨论和评选，安委会主席将向被认可的个人颁发"卓越安全行为"奖项。安全服务部将对这些案例进行整理和编纂，并每月发布一期奖励通讯稿，通过演职人员应用程序向全体员工进行通告。每季度，若有团体安全实践的提名，也将进行评选，随后由安委会主席向被认可的团队颁发"卓越安全实践"奖项。

每年6月和12月，公司通过演职人员应用程序的安全板块，征集各业务线演职人员提名的"安全英雄"。安全服务部负责整理提名，并将结果分发给各业务条线进行初步投票。随后，由负责安全事务的高级副总裁进行最终评审，分别在当年7月和次年1月确定上

半年度及下半年度的"安全英
雄"，高级副总裁亲自前往演
职人员的工作场所给获奖的
"安全英雄"颁奖，安全服务
部将组织获奖人员所在部门的
直接上级经理以及业务条线的
高级管理人员出席颁奖仪式。
每年2月，将在上半年度和下
半年度的安全英雄中评选出最
多五名演职人员，授予"年度
超级安全英雄"荣誉称号。该
荣誉的颁奖仪式将在年度员工
大会上由公司总经理亲自颁
发。获奖人员的卓越事迹将
被制作成视频，在演职人员
应用程序和电视频道上循环
播放。

　　以上奖项的奖励措施包括
但不限于奖品兑换券、迪士尼
特色商品等为员工提供的具有
公司特色的精神和物质激励，
每年选出的"年度超级安全英
雄"的家属还将被邀请到上海
迪士尼乐园酒店享受礼遇。

迪士尼"安全英雄"

职业发展——以安全为媒拓宽人生可能性

对于在安全工作领域表现出色的演职人员，公司会提供额外的培训机会，以助力其职业发展。在每年甄选安全课程讲师的过程中，业务条线中在安全管理方面表现优异的演职人员将被优先考虑。安全服务部与人力资源部将共同举办一系列讲师培训发展课程，全面培训授课技巧、专业礼仪以及课程内容设计能力，并提供定期的授课实践机会，使讲师能够在课堂上与各业务线经理、技术专家等进行技术交流。多年来，已有数十名安全课程讲师在各自业务线中获得了晋升的机会。

案例启示及衍生效应

从发现、报告、解决事故隐患向提升本质安全延伸——国际标准与上海实践的融合

上海迪士尼度假区的事故隐患内部报告奖励机制不局限于隐患的表面整改，而是深入至设施、环境的设计变更，致力于将迪士尼全球标准与上海本地需求进行更深层次的优化与融合。

例如：在建设上海迪士尼度假区期间，游乐设施排队区的护栏遵循了迪士尼全球的设计规范。然而，在运营一段时间后，通过隐患内部报告奖励机制的实施，发现中国游客体型相较于欧美游客略小，原有护栏设计规格存在导致人员肢体卡住的风险。针对这一情况，乐园对防护栏杆间隙尺寸进行了本地化调整，并优化了栏杆设计标准，显著降低了游客攀爬栏杆导致的肢体卡住风险。

在游乐园地面材料选择的过程中，乐园采用了符合ASTM（美国材料与试验协会）标准的测试设备，对材料的防滑性能进行了严格的测试。运营过程中，参考隐患报告的数据，在ASTM标准基础上，结合中国GB标准的测试设备，优化了防滑性能测试，通过双重验证更全面地评估地面材料的防滑性能，选择更适应上海季节特点（尤其是梅雨季）的材料，从根本上降低滑倒事故风险，确保公众的安全。

栏杆间隙与地面防滑

从发现、报告、解决事故隐患向安全管理体系化延伸——运营策略的动态化升级

在运营上海迪士尼度假区的过程中，除了沿用迪士尼全球的安全管理文件外，基于运营阶段所积累的实践优化经验，安全服务部会牵头相关业务条线进行得失分析，总结经验，制定并更新设计要求与标准。这些更新后的设计标准体系文件，将由幻想工程师[①]和演职人员组成的公司内部各类标准化技术委员会采纳，形成更新后的设计标准体系文件，供后续项目遵照执行。经过数年的运营，乐园方面建立了一套以迪士尼全球安全国际标准为基础、上海实践为补充的安全管理体系。目前，已经形成了数百份体系文件，每年还会定期组织体系文件的审核会议，结合相关国家法律法规标准的

————————
① 幻想工程师是负责迪士尼建设项目的设计、规划、技术和施工等各专业的工程师。

更新情况，以及内部各层级数以万次审计的结果，优化安全体系文件，丰富其内涵。

为确保服务品质与安全标准始终处于卓越水平，上海迪士尼度假区构建了一套多层级、全面覆盖的安全审计体系。该体系共划分为五个等级，0级由一线演职人员查每日检查清单和功能要求，1级

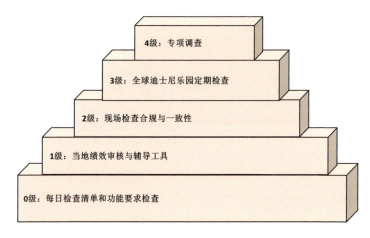

分级审计，覆盖不同管理级别

内部审计应用程序

由班组长查班组执行情况，2级由区域主管/经理跨区域查合规与一致性，3级由迪士尼乐园全球审计团队查各业务线合规与一致性，4级由迪士尼乐园首席安全官针对特定事宜进行专项调查。每个层级均对应特定的管理层面和审计焦点，通过体系化的排查，及时识别并消除潜在的隐患。

以深受游客喜爱的过山车项目为例，其高品质的游玩体验离不开一系列严格的安全检查。从乘客上车前的身高核对，到发车前的全面检查，再到地面安全标记的确认与发车信号的准确传达，每一个环节都彰显了乐园对安全的极致追求。在运营过程中，演职人员还会持续监控游乐设备的运行状态，确保一切都在掌控之中。

1 上车前身高检查　2 发车前检查

3 地面安全标记　4 发车信号确认

5 运营过程监控　6 应急疏散和救援

景点运营检查

在日常运营之外，面对紧急状况，包括设备故障及游客突发状况，演职人员能迅速做出反应，提供紧急疏散与救援支持，保障游客的安全。在遭遇如台风等恶劣天气时，启动紧急预案，调动精英团队24小时值守，确保闭园期间的应急响应与恢复工作，运用迪士尼的"安全魔法"为次日游客入园创造奇迹。

恶劣天气应急响应与恢复

从发现、报告、解决事故隐患向员工赋能延伸——建立健全人人讲安全的全方位安全文化

安全体系文件的深层含义，被转化为各种培训课程，向员工赋能。乐园的演职人员，无论处于何种岗位，都会在入职初期及工作的各个阶段接受全面而深入的安全培训。这不仅是一次学习任务，更是一项持续进行、贯穿职业生涯的必修课程。每年都会为上万名演职人员提供涵盖理论知识与实操规程的全方位培训，确保他们不仅了解安全规范，更能在实际操作中准确执行。为了直观记录每位演职人员的培训进度与成果，安全服务部还特别设计了安全培训卡。这张卡片不仅是演职人员个人学习历程的见证，也是他们进入工作岗位的必备通行证。演职人员完成一项培训课程，就会获得一枚定制贴纸，粘贴在培训卡上，作为完成相应培训的资质证明。这些贴纸色彩斑斓、设计独特，便于目视化检查。

这些向本质安全、安全体系和员工赋能的延伸，正是迪士尼对"没有人员受伤，因为我们在乎"（No one gets hurt, because we care）这一安全承诺的具体体现。

呵护安全之翼，助力翱翔蓝天

——上海机场（集团）有限公司

上海浦东、虹桥两座国际机场是展现中国特色社会主义现代化国际大都市魅力的"门面担当"，平均每日航班起降高达2300架次，接待旅客人数突破35万人次。作为管理方，上海机场（集团）有限公司（以下简称"上海机场"）除承担两大机场日常运行管理外，还涉及仓储物流、航空燃油管理等诸多产业领域，面临飞行器安全、大客流安全、道路运输安全、危险化学品存储安全等复杂风

险。为了让海内外旅客在打开舱门的那一刻就时刻被安全感环绕，上海机场秉承"安全至上、服务至臻、担当有为、协作共进"的核心理念，强化事故隐患内部报告奖励机制建设，推动事故隐患排查"早发现，早治理，早清零"，连续三次荣获"全国安全文化示范企业"等称号。

机场业务量

"责、人、技"组合——解决怎么发现和报告事故隐患

隐患排查指引与岗位职责的融合

上海机场始终重视制度规范建设，把常见的事故隐患、违规行为等汇编成册，将隐患排查指引与员工个人岗位职责安全要素深度捆绑。例如，所属的浦东机场就形成了《浦东机场安全红黄线制度建设指南》，明确界定了工作中不可逾越及不能触碰的安全红线与底线范围。各下属单位根据自身的安全特性，形成岗位红线和黄线标准，制作成便于携带的小卡片、安全红黄线主题的宣传扑克牌，以及安全红黄线主题歌曲等多种形式，确保每位岗位员工能够深刻理解并牢记于心。

专业技术优势与全员行动的有效互补

上海机场注重安全技术管理和安全人才的孵化，将安全技术的话语权牢牢掌握在自己手中，第一时间掌握和发现问题隐患。例如，所属的浦航石油公司创建"注安师工作室"和"信息技术创新工作室"，主导制定了多个行业标准及团体标准，完成了4项标准操作程序（SOP）的编制工作。公司自主研发了作业展示系统、全业务数字化系统以及业务功能模块，依托"工业互联网+危化安全生产"融合，建立数字孪生3D模型，实现航空燃油油库的三维实景可视化，对油库的油罐、收发、安防、设备、人员等要素进行了全面实时监控。

除了把专业的事情交给专业的人来干以外，上海机场实施领导深入一线班组跟班调研的"走动式管理"，动用管理层领导力优势及时解决发现的事故隐患，提升隐患排查治理效能。对于普通员工，通过"六个一"行动，激励他们充分参与到安全生产管理之中：要求每位员工发现一项潜在的安全隐患、提出一条关于安全生

应急保障能力

产的改进建议、分享一次接受事故案例教育后的感悟、讲述一则安全小故事，同事间每日进行一次安全提醒，领导定期进行一次安全教育讲座，以此传递正向积极的激励信息，让员工共同创造安全的生产生活环境。

"人力不够，技术来凑"，用科技赋能有效解决管理疏漏

以飞行区安全检查为例，传统人工排查难以覆盖所有风险点。上海机场采用多种技术防空手段，实现了飞行区的全面监管，有效弥补了人力缺失。

安全管理系统手机端

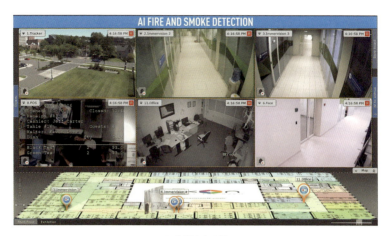

火灾检测系统

在飞行跑道、滑行区、飞行区地面的隐患排查方面，运用无人机巡查、地面雷达系统等，及时发现跑道上的异物、障碍物或其他潜在的安全隐患，实时监控飞机、地面车辆和设备的动态，准确判断飞机的运行轨迹、地面车辆的活动范围等，确保相关区域安全运行有序。

在登机桥（廊桥）等关键设施设备管控方面，依托AI等技术加持，有效杜绝"黑天鹅""灰犀牛"事件的发生。登机桥承担着确保旅客安全登机与离机的关键作用，但可能面临与飞机发生碰撞、挤压等事故。上海机场在登机桥的关键部件"机门保护装置"（俗称"安全靴"）上下功夫，一是让机器"开口说话"，即采用"PLC+AI"技术研发登机桥操作安全辅助系统，对登机桥标准操作程序中的22个关键节点进行监控，实现实时报警并干预"设备预检、航空器靠接、撤离航空器"等三个阶段的违规行为，确保在隐患形成之前就将其控制并消除。二是让操作人员在训练中熟知常见隐患并形成排查治理的肌肉记忆，即开发"登机桥操作培训AR/VR

系统"，实施线上训练，依托具有行业特色的作业规范识别打分及纠偏机制，迅速助力作业人员掌握机型特性、关键信息及接靠要点；通过100次AR/VR模拟靠接和250次实际操作靠接的现场演练以及指标考核，进一步提高作业人员的操作技能，确保每年20万架次航班接靠的绝对安全。

登机廊桥——"安心桥"

掌握数学家的本领——解决发现和报告事故隐患的质量控制

"信息熵"量化评价隐患发现和报告的质量

在大客流、高强度运营态势下，上海机场安全管理所面对的态势复杂多样，隐患排查同样极具挑战性。传统安全隐患报告内容的识别主要依赖人工判断，难以精准及时应对问题。因此，上海机场引入了"信息熵"这一数学工具，通过对风险事件的要素进行量化，结合事故频率、影响范围、可能导致的后果等因素，推动事故隐患的发现与分类过程更加科学、快速，主要包括隐患数据（如设备故障、员工操作失误、客流密集区域等）收集和风险因素量化评估。

以大客流的安全隐患分析为例，首先，基于人的不安全行为、物的不安全状态、管理上的缺陷这三个量化评价要素，通过对历史拥堵情况、紧急事件的发生频率、安检及登机区域人员流动数据等进行统计分析各环节的"信息熵值"。

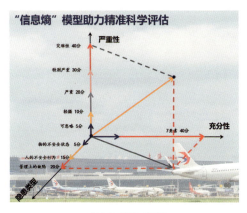

"信息熵"模型

其次，依据信息熵的计算结果，将各类隐患按照风险等级（依据特定数值）进行分级分类管理。信息熵值的高低直接反映了隐患的不确定性程度以及潜在风险的大小，信息熵值较高的隐患应被认定为高风险隐患，并应优先予以排查和处理。比如，上海机场在春运等高峰期，大客流往往会导致安检口、登机口以及行李传送带等关键区域出现拥堵现象。安全管理人员通过信息熵技术，计算出各个安检口、登机口等关键区域的"信息熵值"，进而识别出那些潜在风险较高的区域。若某个安检口在过去的3个月内曾多次发生拥堵问题，系统则显示该区域的"信息熵值"较高，提示该区域存在较大的安全隐患。基于此分析结果，管理层可以预先采取措施，如增设临时安检通道、优化人流分布等，避免因客流过多而引发的安全事件。

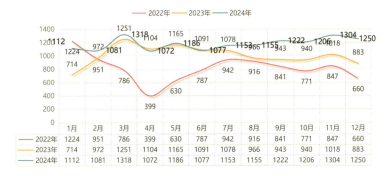

2022—2024年集团员工自愿报告趋势

浦东机场优秀安全隐患报告案例
2025年第1期

浦东机场优秀安全隐患报告案例
2025年第2期

奖励机制激发全员担当——物质激励与精神激励正向反馈

上海机场通过实施全员参与的事故隐患内部报告及奖励机制，不仅增强了员工的安全意识，还借助物质与精神的双重激励，激发了员工主动报告隐患的责任感。员工发现并报告潜在风险时，除了得到实物奖励，他们的安全绩效也将得到提升，这在职业评价中占有重要地位。上海机场创建了一套激励机制，对员工的隐患上报与薪酬奖励、实物奖励、精神奖励挂钩，有效提升了员工的参与度。

实物奖励通常以精致的纪念品为主，承载员工辛勤付出的纪念意义更大于实物本身。精神奖励则通过公开表彰的形式，制作优秀安全隐患报告案例海报并在全公司范围内公示，授以奖杯、奖牌，增强了员工的归属感和荣誉感。开展"优秀安全员"评选，让员工深刻认识到自己在团队中的价值和重要性。激励机制为员工提供了正向反馈，促进了整个集团安全文化的良性循环。

案例启示及衍生效应

科技赋能，让新技术应用成为隐患治理的强大利器

上海机场始终秉持科学探索精神，在实践中寻求最优技术解决路径，实现多个领域的隐患排查治理创新突破。例如，跑道安全是机场的生命线，为了有效遏制跑道侵入这一主要风险，上海机场依托技术革新，在国内率先启用了跑道状态灯系统。该系统通过智能化控制跑道灯光的明暗，精准传递跑道的占用状态，从而有效管理主要风险。同步将5G-AeroMACS通信技术融入安全管理，通过增

强机场、空管及航空公司之间的信息传输效率与精准性，探索多样化安全运行应用场景，强化飞行员、管制员以及维护人员之间的协作，提升了突发事件的应急响应能力。这些技术革新不仅针对解决当下的问题，更体现了上海机场集团对安全管理的深入理解与战略规划。

5G-AeroMACS通信技术

体系赋能，推动事故隐患排查治理从"人工被动检查"向"系统主动发现"转变

上海机场集团持续优化数据驱动的安全管理体系，实现从传统

的静态监控模式转向动态、实时的智能预警与风险防控模式，构建基于数据底座的"主动安全防控"体系。这种智能预警机制正在从安全生产监管向综合防灾减灾转变，通过融合大数据、人工智能和运营数据，实现了全员、全场景、全时段监控。基于数据驱动的安全管理体系提升了运营效率，并为行业提供了新思路和实践模型。

科技赋能机场管理

传扬细节之光

褒奖人性之美

安全是光明最好的管理

以细节之光，扬人性之美

——上海光明生活服务集团有限公司

拥有75年"光明"品牌历史积淀的光明食品（集团）有限公司，正在致力于成为上海这座超大城市主副食品供应的底板、安全优质健康食品的标杆、世界有影响力的跨国食品产业集团，迈向"让市民离不开光明"的奋斗目标。伴随企业的沿革发展，光明食品（集团）有限公司已不再局限于食品加工制造等传统领域，而

是有着更多的产业延伸。其所属上海光明生活服务集团有限公司（以下简称"光明服务"）是"光明"系列企业中"产业+服务"融合发展的代表之一，业务范围深入办公、商业、住宅、物流园、码头、农场等多类场所，服务内容覆盖配餐服务、星级菜场、房产经纪、设施维护保养以及线上采购平台等多个领域，从业人员超过6000人，遍布全国200多个服务网点。企业同时面临人员安全、消防安全、设施设备安全、极端天气及自然灾害应对、食品安全、网络安全等复杂挑战。

光明服务坚持以"安全是光明最好的管理"为核心理念，近年来通过服务保障花博会、进博会、应急工程（防疫）等重大国家级、市级项目厉兵秣马，构建起一套适合全天候运转服务网络的安全隐患排查治理机制。

花博会鸟瞰图

探索之路：长期坚守的机制网

光明服务自成立之初便制定了"突发事件上报"机制网，涵盖及时报告、风险评估、层级监督等内容。

一是强制性规定，出现任何安全隐患、突发事件时，必须立即向安全部门报告，由公司管理层迅速介入并统一指挥，根据情况启动应急预案，严格把控事态进展。公司长期坚持每周五晚间开展"安全周周讲"活动，由总经理亲自主持，对安全工作进行重点部署、风险提示以及案例分析，确保项目经理及以上级别的管理人员均能参与，并在会后第一时间将会议内容传达至全体员工。

二是在接触新的业态或承接新项目时，统一由安全部门负责进行安全评估工作。在日常管理过程中，通过总经理信箱、400热线电话的全方位覆盖以及全天候的巡查等手段，积极识别潜在的风险因素，做好风险研判和应对准备。

三是实施三级分层检查制度，确保管理严谨。首层检查为自检，项目经理、部门主管每日巡检园区，每周联合巡检，记录巡检内容、照片及整改情况，即时提出需协调事项，不定期夜间巡查。第二层检查为子公司检查，子公司领导班子、安全部门定期检查，节日前消防安全检查，不定期夜间巡查，及时整改问题，违规行为依规处理。第三层检查为公司总部检查，由各职能部门联合巡检，确保全面覆盖，安全部门负责暗访、专项抽查消防设施、前台电话接听规范，不定期夜间巡查。光明服务基于以往经验不断探索新管理模式，实施"神秘客"检查机制，结合信息化平台管理，强化企业安全防护。

机制蝶变："精诚守卫"的奖励体系

光明服务专注于提升全生命周期的安全管理水平，并致力于弘扬安全文化，荣获"上海市安全生产标准化二级企业"及"上海市安全文化建设示范企业"等多项荣誉。公司始终坚持"未被认识到的风险才是最大的风险"理念，持续深入挖掘公司安全管理的盲点，建立健全全员参与的"隐患上报"机制。

公司鼓励员工发现异常状况立即上报，承诺对于提前主动报告且采取有效管控措施的事项，即使产生一定影响也不追究责任，还将对员工予以奖励。这一做法消除了基层员工因担心受到领导批评而产生的不敢报告、不愿报告的顾虑，有助于将所有可能的后果及损失降至最低。通过长期的坚持与探索，公司已形成"精诚守卫"奖励体系，并实行《事故隐患内部报告奖励制度》。

奖励制度中明确，隐患上报内容应涵盖公司在整体运营过程中涉及的合规性、经营状况、资金流动、人员配置、食品安全、网络管理、品牌维护等各个方面的安全问题。员工或班组发现事故隐患后立即上报，由项目（或部门）负责人对隐患进行评估和确认，描述隐患情况及相应的整治措施，并进入整改环节。鼓励员工或班组以更高站位，发现并上报潜在隐患，并对隐患治理提出建设性意见，如产生重大作用或重要价值的，将根据其贡献程度予以相应的奖励。员工所在公司领导负责依据标准审批奖金发放等级，并在次月工资中向员工兑现。

按照隐患上报对公司所产生的价值，光明服务对整体运营安全做出重要贡献的设定为奖励体系的最高奖项——"精诚守卫"奖；

对特定行业的运营安全做出重大贡献的设为"安全吹哨人"奖；对子公司的运营安全做出重大贡献的设为"安全之星"奖；对项目的运营安全做出重大贡献的设为"安全小发明"奖。

奖励共有4种形式。一是即时奖励，对于每一次事故隐患的报告，奖励即时奖金从200元起始，根据其产生的价值进行评估后确定奖金数额，不设上限，一般在隐患发现报告并审核确认后的次月兑现。二是宣传表扬，在公司会议上进行通报表扬，在公司内部刊物、公众号、公告栏等平台上宣传优秀事迹，以提升其社会及企业认可度和荣誉感。三是年度评优，在公司年度评优中，对在事故隐患报告中涌现出的先进个人和优秀班组颁发荣誉称号，并在公司内部进行表彰和宣传。四是年度考核，对发现并及时报告事故隐患的员工或班组给予考核上的倾斜。

案例典范：榜样力量的璀璨星光

通过"精诚守卫"奖励体系的有效实施，光明服务孕育出诸多闪耀着责任与智慧光辉的杰出个人和优秀团队。

"精诚守卫"——智破花博园火险

花博园项目区域总面积达4850亩，肩负着第十届中国花卉博览会、应急工程（防疫）以及花博邨研学基地等多项重要运营保障任务。花博会闭园之际，位于百花馆前方下沉式圆形景点突发特殊火情。巡逻员刘川杨凭借丰富经验与敏锐直觉，在日常巡视过程中察觉到空气中弥漫的烧焦味，果断呼叫支援，并成功扑灭了正在冒烟的塑料垃圾。鉴于火情蹊跷，他们深入排查发现，该景点采用的不锈钢镜面材质环形墙面，在特定条件下镜面反光聚焦成为安全隐患的源头。为防患于未然，团队立即采取一系列措施：对相关建筑进行局部遮阳布遮挡，增设消防设施，加强杂物清理，并增加巡查频次。刘川杨的及时上报行为有效避免了可能发生的严重后果，荣获"精诚守卫"奖。

"安全之星"——防护从细节入手

花博邨自转型为研学基地以来，吸引了众多中小学生前来入住。在进行集装箱客房检查的过程中，客服徐晓叶发现卫生间及淋浴房玻璃门存在安全隐患，因玻璃门可随意开合，导致门在向内推时容易与马桶发生碰撞，对活泼好动的学生构成潜在的危险。徐晓

从细节中发现问题隐患

叶立即向上级汇报了这一问题，经过讨论决定在门框上安装限位装置，以确保玻璃门只能朝外开启，从而彻底消除了安全隐患。此外，每间客房的玻璃门均经过了严格的测试，并在客房内张贴安全提示，在学生入住前进行安全培训。徐晓叶凭借对细节的敏锐洞察力，荣获"安全之星"奖。

"安全小发明"——小成本赢得大回报

海通国际汽车码头，作为全球范围内业务量最大、服务场景最为完备的专业汽车滚装码头，其保洁工作遭遇了严峻的挑战。传统的外场保洁方式难以彻底清除装卸过程中掉落的钉子、铁片等尖锐物品，容易导致成品车辆受损。保洁员陶敏国经过深思熟虑，提出了一个创新的解决方案：在保洁装置底部安装吸铁石。这一"小发明"利用磁性吸附力，显著提高了清扫效率，每日吸附的铁器数量大幅增加，有效保障了成品车运输安全与品质。陶敏国的这一创意举措，以小成本换取大回报，对项目运营安全意义重大，公司为其颁发"安全小发明"奖。

安全小发明

案例启示及衍生效应

员工赋能：点燃主人翁意识之火

事故隐患报告奖励机制是开启员工深度参与公司安全管理之门的神奇钥匙。一线员工踊跃加入安全"吹哨人"行列，在日常工作中，他们时刻关注每一个细微之处，主动寻找潜在隐患并及时上报。这种强烈的责任感驱使员工严格遵循安全规章制度，逐渐养成了良好的安全行为习惯。员工们的积极主动为光明服务赢得了"上海市五一劳动奖状单位""上海市工人先锋号""上海市青年五四奖章集体"等众多荣誉。

管理进阶：安全管理的卓越升级

得益于员工的广泛参与，公司在处理隐患报告的过程中，不断进行反思和总结，持续优化安全管理制度和流程，对关键部位和重点环节加强管控，实现了安全管理水平的螺旋式上升。同时，公司积极引入数字化、智能化手段，运行"事故隐患报告奖励制度"和"安全生产信息沟通管理制度"，员工可通过"随手拍"将隐患实时上传至平台系统，400热线也全面覆盖管理项目，广泛接收员工及第三方的反馈；2023年公司共接获400热线电话198起，辨识出安全隐患27起，2024年公司共接获400热线电话140起，辨识出安全隐患15起：这些隐患都已整治完毕，治理率始终保持100%，公司依托隐患排查治理渠道提升各项管理措施的响应率进一步得到提升。

文化深耕：携手企员的共进之路

奖励机制的持续运行营造出浓厚的安全文化氛围。公司通过多种方式大力宣传奖励机制，表彰优秀个人和团体，让安全意识如同种子般在员工心中生根发芽。"安全是光明最好的管理"这一愿景成为企业发展道路上的指路明灯。在参与隐患报告和整改的过程中，员工不断汲取安全知识，掌握新的技能。员工在安全管理方面的表现被纳入绩效考核和职业发展规划，为优秀员工开辟了晋升、转岗等绿色通道，实现了企业与员工的共同进步。

产业协同：带动上下游企业共进

作为产业链关键环节的光明服务，主动与供应商及合作伙伴分享管理经验，并推广隐患报告奖励机制，带动了产业链安全意识提升，加固了供应链安全防线。通过企业间的紧密协作，事故风险得以降低。此举不仅增强了产业链稳定性，还提高了产品和服务质量，使其在市场更具竞争力，赢得客户信任。这标志着产业链上下游共同促进产业健康发展，并为整个产业生态营造了良好的发展环境。

社会贡献：安全发展的有力支撑

作为社会的关键构成要素，企业的安全生产状况与社会公共安全紧密相连。事故隐患报告奖励机制的有效实施，显著降低了企业事故发生的概率，减少了因企业事故对社会造成的人员伤亡、财产损失和环境污染等负面影响，为社会公共安全提供了坚实可靠的保障，也为其他企业提供了可供借鉴的典范。通过行业间的交流与学习，推动整个行业的安全管理水平持续提升，为促进社会安全生产形势的持续好转贡献了积极力量，共同营造出安全稳定的社会环境。

激活"垂直城市"安全治理生命力

——上海中心大厦商务运营有限公司

上海中心大厦位于浦东陆家嘴金融贸易区核心区，建筑高达632米，是目前已建成的中国第一、世界第二高楼，集商业、办公、酒店、餐饮、娱乐、观光等功能一体化的大型商业综合体。上海之巅观光厅位于上海中心大厦的第118层、119层，面积超过1000平方米。作为国家ＡＡＡＡ级景区，全年接待国内外游客170万余

人，平均每日接待4600余人，瞬时最高客流量可超1000人，也就意味着几乎每1平方米就有1名游客立足。在吸引大量游客的同时，形成了"场地紧、客流大、人拥挤"的安全风险，同时也带来了诸多挑战。

一是消防安全风险。受空间限制，仅有5部高速电梯承担客流载运。一旦发生火灾事故导致电梯停运，游客通过疏散楼梯从观光厅垂直疏散至大厦一楼至少需要20个小时，疏散时间长，疏散难度高。二是拥挤踩踏风险。在客流高峰期或者应急疏散过程中，游客一旦出现摔倒，很可能引发人群恐慌带来的连锁反应，发生踩踏事故。三是自然灾害风险。超高层建筑往往"树大招风"，尤其是近年来登陆上海的台风超过历史极值的频率越来越高，世界上也未有相类似的现成防范经验可享，建筑物本身面临固有的较大安全风险。

观光厅大客流现场

　　上海中心大厦商务区运营有限公司（以下简称"上海中心"）将文化内驱力、科技支撑力、应对执行力、团队凝聚力有机融合，在充实队伍、完善创新、强化实战、优化奖励四个方面努力突破，推动事故隐患排查治理机制更趋完善。

内外皆动员——安全文化引领下的事故隐患排查团队建设

人人都是内部安全督查员——动员一切可以动员的力量

　　组建以党员为旗帜、安保队伍为依托、志愿者为亮点的"三位一体"安全管理团队，涵盖所有部门，实现全员参与安全管理。建立完善《安全生产检查和隐患排查治理程序》《领导带队检查和职工交互督查管理程序》《安全生产奖惩管理程序》等系列规章制度，进一步健全全员安全责任制。

大客流安全检查

党员示范岗

同时，充分激发职工活力，在做好本职岗位工作的同时，积极开展党员安全责任区、党员身边无违章、"红马甲"安全志愿者等系列活动，实行过程跟踪、季度考核。党员在隐患排查治理中身先士卒，对本岗位工作区域内的安全负责，做到无违章、无隐患、无事故，实行零距离防控，同时影响和带动其他员工投入隐患排查治理的行动中。企业还建立了内部安全督查员选聘及管理办法，对安全督查员的准入标准、考核要求等予以明确，推动安全督查员管理标准化、规范化。

但仅凭企业自身，很难做到全方位、无死角的隐患排查治理。为了缓解大客流期间的安全运营压力，2023年上海中心启动了"黄马甲"志愿者活动，发出"人人当一天秩序维护员、游客引导员、咨询服务员"志愿服务活动的倡议，志愿服务时长随个人累积，高校大学生、团员青年、大楼租户高管纷纷加入志愿者联盟，在做好信息服务、秩序维持工作的基础上，统筹协助工作人员处理各种突发情况，守护游客安全，成为专业管理力量的有效补充。

你我皆智囊——集聚智慧持续促进安全意识养成

开展安全隐患治理"大家谈"和"金点子"活动，充分发挥员工的集体智慧和创造力，共同为安全生产贡献力量。一方面，通过交流，掌握企业安全管理现状，把安全问题摆到台面上来讲；另一方面，通过集思广益、头脑风暴，把每个个人的专业能力进一步放大，在智慧火花的碰撞中寻求安全路径最优解。仅2024年，就召开4次较大规模的"大家谈"活动，各级员工贡献"金点子"60余项。

大客流安检违禁品检查

安保岗前培训

上海中心目前采用的隐患随手拍机制就是在大家共商共议中诞生的。针对员工缺乏便利的隐患上报途径和落实反馈信息、安全管理人员收集分析隐患数据困难、主要负责人安全工作统筹决策缺乏依据等三大安全管理痛点，上海中心安全管理部门在与各业务部门、信息技术部门研究商讨治理对策的过程中总结、提炼了这一做法。

隐患随手拍——科学技术支撑下的事故隐患排查手段更新

公司推动全员参与到安全隐患"随手拍"活动中，真正实现安全管理的"一岗双责"。全员可通过"安全随手拍"小程序上传隐患风险的图片和文字说明，经专业技术人员审核确认后，线上推送至责任部门进行及时整改。2024年第四季度，各级员工隐患上报62

隐患随手拍专项培训

份，范围覆盖上海中心整体区域。

为了提高隐患排查的能力，加强全员岗位安全培训，采用线上线下相结合的方式，通过电脑端和小程序端平台发布安全培训课程，并进行线上考试。持续开展"岗前5分钟"教育，让员工在工作前充分了解当天的安全注意事项，对可能存在问题隐患的区域和方向有较为直观的认识。

场景化应对——系统治理框架下的事故隐患排查体系优化

以大客流安全隐患排查为例，上海中心在源头管理和现场管控上下功夫，实现事故隐患智能化预警和实时管控。

上海中心建设有观光厅票务智能化管理系统，采用全上海首家分时预约制、实名制购票的线上管理平台，运用数智化手段有效监测人流高峰拥挤，合理规划人员排队动线，精准控制游客数量。同时，依托"上海中心大厦大数据资源管理平台"数据集成优势，对包括安全运营在内的各信息化子系统数据进行实时比对碰撞，有效掌握办公、餐饮、参观、电梯运营、停车等各种业态、各类设施设备的实时状态，对各个关键点位实时人流进行有效分析和预判，能够根据客流动线长度和游客流量实时监测客流拥挤程度，灵活调整运营模式并在关键冲突点精准布岗，确保生命绿色通道时刻畅通。

上海中心制订了《观光厅大客流安全应急预案》，在全楼设置9个微型消防站，部署专职消防队伍，确保在3分钟内抵达事故隐患发生现场，确保及时处置。根据预案，上海中心定期组织应急演练，涵盖超高层火灾疏散、人员突发身体不适急救等科目，有效提升了应急处置能力。同时，加大对应急预案演练情况的评估，重点关注指挥人员下达指令时的准确度，应急救援小组应急处置时的准确度、熟练度等，及时总结演练成效，并以此进一步完善预案。

微型消防站

消防应急演练

消防应急疏散演练

奖励激发职业荣誉感——在自我实现中坚定"爱企如家"信念

安全隐患"随手拍"一事一奖

在安全隐患"随手拍"活动中，每季度对于报告有效者，特别对报告重大事故隐患等突出问题的，经安委会审议后实行物质奖励。对于有重大安全立功人员，采用破格奖励不设上限。2024年共评选出一等奖1名、二等奖2名、三等奖4名、优秀奖23名，累计实施奖励3万余元。

安全隐患"随手拍"活动颁奖仪式

安保队伍隐患排查治理计分奖励

制定安保人员安全奖励办法，采取隐患排查积分制，凡发现一个隐患按隐患等级进行计分，每月统计，计分在30分以上的按分数档进行物质奖励，并列入奖励名册，适时公布。

职业荣誉与奖励有效挂钩

对于在隐患排查治理工作中表现突出的员工和团队，通过内部表彰大会、荣誉证书、督查员聘书颁发等方式进行精神鼓励。设立"安全之星""隐患排查先锋团队"等荣誉称号，将获奖员工的照片和事迹张贴在公司的宣传栏上，进一步提升获奖员工的职业荣誉感。

上海中心职工安全督察员聘书

案例启示与衍生效应

事故隐患发现报告处置能力的全员提升，有助于企业形成更强的核心业务竞争力

得益于全员参与隐患报告机制的实施，相较于浦东陆家嘴"三件套"中的其他单位，上海中心在承担各类综合性体育赛事上呈现出更多优势。例如其承办的垂直马拉松项目，成为第一个"上海品牌"认证的项目，通过举办活动，也进一步促进企业员工应急管理能力的持续提升。

上海中心垂直马拉松赛

事故隐患发现报告处置文化的全面浸染，有助于企业在落实社会责任过程中有更广泛作为

得益于将隐患报告奖励机制与安全文化传播的深度融合，上海中心与广大游客一同构建安全共同体，在参观游览的过程中无形中提升游客的安全意识。通过设置"超新星成长计划"和"小小消防员"体验营等活动，将日常的隐患发现、报告、奖励机制形成的经验与具体活动相结合，向社会普及消防安全知识，并将"人人讲安全、个个会应急"的理念有效传递给这座城市的未来，为构建更加安全的城市和社会贡献力量。

"小小消防员"活动讲解安全知识

"小小消防员"活动体验

城市脉动的安全守护

让事故隐患查得出、治得准、见成效

——上海城投（集团）有限公司

上海城投（集团）有限公司（以下简称"城投集团"）作为上海这座超大城市的城市基础设施和公共服务整体解决方案供应商，业务涵盖路桥、水务、环境、置业等板块，是城市运行管理的主力军。城投集团下属245家生产经营单位，涉及663处生产场所、706处经营租赁场所、10万余处有限空间，呈现出点多面广、业态复杂

的安全管理形势。

对此，城投集团将"自上而下"安全管理和"自下而上"隐患报告奖励机制系统整合，从路径指引、数字赋能、平台搭建三个方面出发，建立了一套完善的事故隐患报告奖励机制与体系，走出了一条安全管理的破局之路。

事故隐患不会查、查不出怎么办？——有效指引是关键

城投集团针对不同的安全生产管理问题提出了"三化工作"法，即"操作规程视频化""安全检查标准化""应急演练实战化"，从而让一线职工"听得懂，干得了，有效果"，在隐患排查治理中有的放矢。

规程"上墙"更要"落地"——操作规程视频化

城投集团做了一个实验，请五组新进职工按照一份667个字的规程操作，结果所有人员均不符合要求，且行为各不相同。为此，集团提出操作规程既要"上墙"，更要"上心"，最终要"落地"，在规程中要明确人员、工作流程、每个行为动作及作业标准。城投集团发动员工自行拍摄操作视频1000余部，内容涵盖工程车辆驾驶、消防设备使用、设备检查流程等。例如S3沪奉高速全面推进操作规程视频化，明确收费员收费以及面对超限车辆的处置流程，大大提高了公路运营人员面对复杂安全问题的处置效率。

检查"求量"更要"求质"——安全检查标准化

安全检查是企业日常安全管理最主要的工作形式。城投集团重塑了安全检查的三点核心要义："谁来干"意味着安全检查要对应明确的对象；"干什么"就是要明确检查行为；"怎么干"就是要

城投公路S3沪奉高速周浦收费站

讲清楚检查标准，通过提供判定标准，促使在安全检查中形成员工
"行为偏差恐惧"。城投集团将生产场所的安全检查作为主要改造
对象，根据全员安全生产责任制的要求，按照岗位差异建立"条块
结合、互为补充"的安全检查体系，将不同岗位人员在现场实施的

安全检查至少分成三种类型，分别为区域检查、专业检查、综合检查。目前已完成近300余份安全检查表的标准化改造。例如，城投水务下属南市水厂，针对构筑物外围状况的检查，增加了清晰明确的"检查行为"（"绕构筑物一周，检查构筑物外立面"）和可定量的"检查要求"（"无裂缝破损"）。

演练"有形"更要"有效"——应急演练实战化

为了让应急演练多一点"练"、少一点"演"，城投集团结合空间、时间、险情等要素设定场景，改编了现有预案，突出三点：一是应急演练脚本与应急预案必须保持一致；二是应急演练模拟的场景必须尽可能还原事故可能发生的真实场景；三是必须明确演练人员和应急处置人员之间的关系，演练人员必须与场景设定的当班人员一致。以防汛防台应急演练为例，城投集团共完成2.9万余

安全检查表标准化改造

条应急预案的改造，通过防汛防台指挥平台，完成2024年"保峰度汛战双高"暨防汛防台实战演练，并成功抵御了2024年第13号台风"贝碧嘉"、第14号台风"普拉桑"、第21号台风"康妮"，应对多次强对流天气，切实保障了人民群众的生命财产安全，确保了城市的平稳安全运行。

如何让排查出的隐患得到精准治理？——系统整合是关键

发现端的标准化——隐患排查线上平台

城投集团已在下属单位构建了隐患排查线上平台，该平台实现了移动端与电脑端的无缝对接，使得随时随地发现和报告安全隐患成为可能。借助线上审核流程，显著减少了纸质审核所需的时间。基层安全管理人员在进行日常巡查时，一旦发现任何问题，即可利用手机进行拍照并上传至隐患排查线上平台。在这一过程中，每一条隐患都会依据标准化的信息格式记录现场照片、隐患等级、情况

城投控股九星社区项目安全管理平台

描述、处理进度等详细信息，从而极大地提升了隐患排查的统计与审查工作效率。

例如，上海老港废弃物处置有限公司建立全员隐患上报二维码系统，所有职工（包括外包人员等）通过扫码可以在微信小程序实时填报发现的安全隐患，并及时反馈至相关部门进行整改，提高了隐患发现及整改的效率，通过自动汇总统计和分析让公司领导和安全管理人员及时了解安全生产动态。

老港生态环保基地俯视图

管理端的集成化——综合指挥平台

近年来，城投集团持续推进综合指挥平台建设，将隐患治理工作纳入安全管理全局。通过数字化技术，系统构建了防汛单位和场所层级管理体系，逐级汇聚防汛防台基础信息数据。在数字化预案解构技术的帮助下，实现自动评估、发布预警，自动关联响应行动与值班、值守等信息，有效提升了突发事件的处置能力和应急效率。综合指挥平台实现了防台防汛、重大活动保障、突发事件应急指挥等场景的全过程数字化管理，整合了数字化建设的数据和场景，填补了应急管理数字化管控的盲区，构建了"全面观、精细管、智慧防"的数字化防控体系。通过隐患排查治理情况与企业业务发展情况的数据比对碰撞，确保管理层第一时间掌握目前面临的安全风险状况和整改方向，为城投集团开展内部安全生产督察、巡查、检查提供重要参考，有效避免安全生产大检查、大排查的盲目性。

城投集团综合指挥平台防汛防台模块

如何更好地展示和延伸隐患排查治理成效？——搭建平台是关键

城安杯——"安全管理专家"的摇篮与"自我价值认同"的载体

2022年，城投集团开展首届"城安杯"竞赛。各直属单位在"城安杯"竞赛期间，向集团推荐优秀安全管理案例，评选出一批又一批先进典型。在这个平台上，城投集团一线职工参与安全、投身安全的积极性得到了充分展示。

"城安杯"包含安全管理优胜单位创建以及安全管理先进集体、先进个人和安全创新奖的评选，实现了从项目、个人、团队到公司的全面覆盖。"城安杯"的创建标准对"城投集团安全生产治本攻坚三年行动"的每一项要求做出了指导，对需要落实的行为提出了详细的标准，做到了"有责任更有落实，有要求更有指导，有形式更有效果"。

目前，城投集团已经连续开展了两届"城安杯"竞赛活动，近2000人次积极参与，收到54个安全创新项目、247个先进集体、123个安全管理优胜单位的创建申报。"城安杯"通过各种宣传形式，广泛发动各基层单位和人员参与，每一名参与者都在这一过程中找寻到自身在企业安全管理中的价值定位。此过程共形成集团层面500条金点子，收获20项创新成果，颁发130个各类奖项，在不同业务板块涌现出了诸多创新成果。城投集团所属企业依托"城安杯"平台，在互学互鉴和比学赶超中也逐步形成了各自的安全管理实践。

城投公路组织开展安全工时活动，通过每日安全晨会、班组责任铭牌、安全工时红黑榜及班组作业人员之间相互监督的方式，积累安全工时数，并每月总结，每季度开展平安班组评比活动，向平安班组颁发流动红旗并给予物质奖励。多名一线作业人员因报告事故隐患受到嘉奖。

城投水务下属南市水厂构建了"安全检查全时域体系"，以区域、时间及人员为轴，编织了立体化的安全检查网络。该厂针对厂区内存在的风险点编制了43张专项检查表，并将安全隐患排查融入信息化管理平台，实现了全面巡检工单管理。这些工单按照全时域安全检查要求设置，可以让管理者实时掌握隐患排查治理情况。该厂将隐患排查与奖惩细则结合，大大提高了员工参与安全管理的积极性。

城投水务下属南市水厂俯视图

南市水厂数字孪生与仿真平台

城投环境为遏制职工习惯性违章，增强员工参与安全管理的积极性和主动性，制定了《作业人员积分制管理办法》，以年度为单位，为所有作业人员每年赋基准分12分，对于高于或低于基准分值的人员设置了一系列奖惩措施，并通过实施明确的"事故扣分""违章扣分"以及加分手段，提升全体作业人员参与安全生产的积极性。

城投控股探索工程建设项目管理新模式，一是推进安全网格化监督管理，现场各区域皆明确监管责任与工作内容，构建起"全面覆盖、网格到底、责任到人"的监管网络，将工作任务、监管责任由上而下具体落实到每个网格责任人。对区域内各分包单位管理人员到岗履职情况进行监督和检查，压实岗位安全生产责任。二是加强对建筑工程施工现场的视频监控，在视频监控系统中增加了AI违章行为识别、塔吊司机室运行监控以及吊钩可视化等模块，提升了现场发现安全隐患的效率。

城投集团"城安杯"成果手册

城投集团"城安杯"优胜单位授牌

案例启示及衍生效应

安全管理要从追求免责向履职尽责转变

"免责"和"尽责"尽管只有一字之差，但是其中蕴含的安全管理工作目的和原动力迥然不同。追求免责是被动管理者的鸵鸟心态，信奉的是利己主义，对应着不求有功但求无过。而谋求尽责是主动管理者的必备品质，信奉的是利他主义，永远把安全生产、不出事故放在第一位，对应着不为形式为效果，不只看做没做，更要看好不好。建立事故隐患内部报告奖励机制是发动全员履职尽责的有效载体。

安全管理要从形式到位向效果到位转变

从形式到位向效果到位转变的关键就在于执行。"执行"两个字说说简单，真正做到就不那么容易了。执行不只要去做，更要想办法做成，也就是要克服一切困难把安全管理工作做到极致。

例如，在执行安全操作规程管理的过程中，相关工作人员需审慎考虑以下问题：悬挂在墙上的安全规程是否恰当？是否每位员工都对其有清晰的认识？员工们对规程的理解是否保持一致？他们的操作是否统一？是否存在疏漏之处？是否已经建立了严格的考核机制？

为此，城投集团正在积极推动实施安全生产管理导航仪工程，其中的事故隐患内部报告奖励机制的实施，让隐患排查逐渐转变为"会者不难"，这正是安全管理从形式向效果转变的一种探索与尝试。目前看，该工程已取得了一定的成效。

安全管理要从结果导向向过程导向转变

对于所有企业而言，安全绩效考核无疑是一项挑战。困难之处不在于考核方法的选择，而在于考核的必要性、目的以及其能解决的问题。

首先，安全管理的成效难以用具体数字来衡量，因为事故的发生与否并不与管理质量直接挂钩。传统的绩效评估方法侧重于结果，但此类方法并不适用于安全考核。其次，安全考核的初衷在于提升管理效能，例如年终绩效扣减的方式往往效果有限，这种方式无法明确指出如何改善以避免扣减绩效，使得评价失去其应有的意义。当绩效评定无法从逻辑上建立因果链条，评价本身实际上已经失去意义。事故隐患内部报告奖励机制的运行，就是不断地建立因果链条关系，从而在过程中推动安全管理的过程化导向。

因此，对于安全管理而言，必须摒弃传统的以结果为导向的评价方式，转向过程导向，关注安全管理过程中的行为是否得当、管控是否有效。企业需要将过程监督纳入安全考核体系，建立日常的安全检查和反馈机制，确保安全管理活动得到有效执行。在这一过程中，"督"和"导"代表了安全管理的双重策略。揭示企业安全管理中存在的差距，为企业提供明确的方向和指引，帮助企业更有效地提升安全管理的质量和效率。

安全督导

站在新时代城市治理现代化的征途上，探索永无止境，改革未有穷期。城投集团当前构建的"理念革新—技术突破—文化筑基"三位一体治理体系，仅是超大城市安全治理迭代升级的起点。守护超大城市安全既需要刀刃向内的改革勇气，更需要开放协同的全球视野。城投集团将凭借更强决心、更大勇气、更多智慧在安全治理的探索之路上昂首迈进。

创新安全路，轨交来守护

——申通阿尔斯通（上海）轨道交通车辆有限公司、卡斯柯信号有限公司

阿尔斯通是全球交通行业的领先企业之一，业务遍及64个国家和地区。在上海，阿尔斯通拥有两家具有代表性的合资企业——申通阿尔斯通（上海）轨道交通车辆有限公司（SAVC，以下简称"申通阿尔斯通"）和卡斯柯信号有限公司（CASCO，以下简称"卡斯柯"）。自1993年上海地铁1号线开通以来，从最初的信号

申通阿尔斯通（上海）轨道交通车辆有限公司

卡斯柯信号有限公司

系统到如今的无人驾驶技术，阿尔斯通始终深度参与上海轨道交通网络的建设与拓展，直面和应对超大城市轨道交通安全这一复杂巨系统的难题和挑战。

从超大旅客流量对基础设施和应急响应的严格要求，到早期设备老化对系统整体稳定性的巨大压力，任何小故障都可能威胁运营安全；从错综复杂的电气安全、车辆安全，到急难险重的多方交叉作业和紧急抢修、夜间施工，复杂的作业现场环境存在多种高风险因素，需要更协调、更严谨、更系统的安全管理融合。申通阿尔斯通和卡斯柯建立以"零违规计划"为核心，以培树最佳实践、安全文化积分等为纽带的隐患报告奖励机制，开拓出一条富有行业特色的安全路。

"零违规计划"——精准发力保安全

阿尔斯通根据其"敏捷、包容和担当"的价值观理念，本着"零事故"的目标，在全球范围内实施阿尔斯通"零违规计划"（Alstom Zero Deviation Plan，AZDP）。"零违规计划"是阿尔斯通安全的核心准则，包含12条指令，关注高风险作业和管理策略。

阿尔斯通"零违规计划"

每条指令都强调生命至上和核心要求，要求员工和承包商严格遵守，并在他人违规时进行干预。该计划鼓励员工参与，为风险防控和隐患排查提供战略指导。

阿尔斯通中国区企业结合"零违规计划"发现并明确高风险点位，细化隐患排查，结合风险管控与奖励惩罚制度，从多维度优化安全文化，提升员工安全意识，促进全员参与安全管理，降低事故风险，确保安全运营。

手册式指引——让隐患排查规范化

申通阿尔斯通以"零违规计划"为基础，参照相关安全风险管控指南，构建了具有公司特色的四色风险管理体系。同时，公司借鉴了欧美"剩余风险"和"风险缩减因素"理念，通过风险识别和分级分类，实施有效管控措施，实现风险的最小化。通过赋予风险辨识定性和定量双重评估的能力，结合隐患排查实践，制定了内部隐患排查指引手册。同时，通过培训和定期的监督检查，确保了基层隐患排查工作的规范性和有效性。

申通阿尔斯通评估了上海地铁设备的日常列车检修维护作业风险。评估基于轨道交通行业事故、事件和电动列车技术规范，识别出检修中的潜在风险。通过分析风险频率和危害，构建了上海地铁12号线车队检修风险库，分为四个等级：致命（重大）（R1）、较大（R2）、一般（R3）和较小（R4）。风险库发布后，公司实施分级管控，特别关注R1和R2风险。日常检修作业中，风险等级被纳入检修记录单，以工作手册提醒的方式，确保每项作业都有风险提示。这能帮助检修人员及时了解作业风险，并采取正确方法排查处理隐患。

申通阿尔斯通日常列车检修维护作业

大数据+AI——让隐患排查可视化

针对轨道交通领域车辆基地频繁出现的人车冲突、人员坠落平台、人员触电等安全事故问题，申通阿尔斯通在四列位轨道试点引入多项安全监控与预警技术。重点研发的"场段安全管理系统"（Depot Safety Management System，DSMS）利用大数据与AI手段实现接触网电动断送电及可视化验电接地、外来人员进出监控、登顶平台安全互锁、列车出入库预警、蓝牙传感器覆盖、人脸识别验证等功能，从而有效预防安全隐患的产生。DSMS运行两年，显著降低了安全风险。改造前两年内出现3起违规穿越事件，改造至今违规穿越事件数始终保持为0起。此外，接触网断送电、验电、接地作业的时间缩短至传统人工操作的二十分之一，作业效率显著提升。在长期规划方面，作业班组的人员配置可缩减20%，从而有效达到降本增效。该系统获国家《一种城市轨道交通车辆基地施工区域人员安全管控系统》实用新型专利。

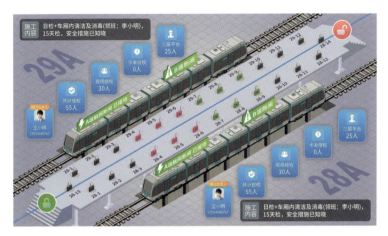

申通阿尔斯通DSMS现场可视化界面

申通阿尔斯通DSMS进行列车出入库动态捕捉

在运维方面，申通阿尔斯通建立了国内首个城市轨道交通智能化运维平台，涵盖状态监测、智能诊断、设备运维、车辆检修、生产管理及决策支持，实现了数据标准化、项目管理颗粒化、设备运维数字化、调度管理规范化、生产制造精益化、服务流程无纸化和信息可视化。该平台在2024年获得第35届上海市优秀发明选拔赛银奖及上海市质量品牌故事大赛创新案例一等奖。

通过加强风险管理和隐患排查，结合创新技术，车辆检修质量得到显著提升。2024年度，上海地铁12号线车队的正线平均无故障里程数（Mean Distance Between System Failures，MDBSF）达到了445880公里。在正线运营有责故障数量方面，12号线车队排名第三位。运营指标表现卓越，仅次于无人驾驶的17号线和18号线。

申通阿尔斯通城市轨道交通智能化运维平台

上海地铁全路网正线运营指标

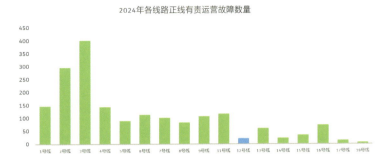

上海地铁全路网正线有责故障数

隐患识别与整改追踪——让隐患排查闭环化

为实现"零事故",卡斯柯制定了隐患排查治理流程和部门职责,实施分级分类管理,确保隐患可控。

隐患分级上,在原有的一般和重大隐患分类基础上,将一般隐患分为"一般A类""一般B类""一般C类"三个等级,实施精细化管理。隐患分类上,制定了36项重大隐患、20项一般A类、7项一般B类和54项一般C类的标准,覆盖办公场所、重点生产经营活动区域、铁路工程和城市轨道交通工程项目等,确保隐患判定具有针对性。

对不同层级和类别的隐患采取差异化措施。鼓励对一般隐患实施自查自纠和立行立改,对重大隐患则实施严格的督办治理,由公司负责人督办整改,确保隐患整改责任、措施、资金、时限、预案的"五落实",并深入分析原因,预防系统性问题。

利用数字化技术,建立隐患标准库和治理流程,实现隐患快速上报和全流程管控,形成动态管理台账,实现任务推送和可视化全过程管控。通过信息共享,实现协同合作,构建严密的隐患治理防线。同时，将数据分析工具融入系统，融合多源数据，动态跟踪核心指标，以数据驱动安全决策，提升安全监管效能。

卡斯柯通过数字化技术推进"零违规计划"，创新构建了数字化的安全管理体系，并依托安全管理数字化平台实现全流程管理。这一体系整合了安全责任、风险控制、检查、隐患治理、应急响应、激励措施和文化建设等业务，实现了安全管理的数字化转型。同时，建立长效执行机制，确保了安全管理网格化、流程信息化、考核智能化和数据精准化。通过正向激励文化，鼓励和引导员工全面参与安全工作，推动了隐患排查治理和安全管理工作的持续改进。以2023年和2024年为例，成功排查并整改了626个安全隐患，整改关闭率达到了100%。员工主动报告隐患数量显著增加，安全意识和风险预控能力得到提升，有效防止了形式主义和整改延迟的问题，实现了安全风险的一体化管控，提升了安全管理效能。卡斯柯的安全管理数字化平台在2021年就荣获上海市企业管理现代化创新成果二等奖。

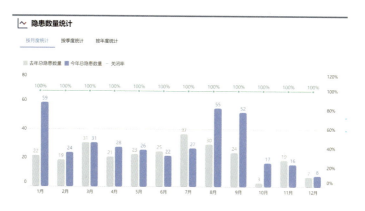

卡斯柯2023年和2024年隐患排查治理统计

奖励机制建设与安全文化体系的有效互动

自2023年起，申通阿尔斯通启动了最佳EHS企业评选，标准涵盖领导参与、隐患报告、奖励机制和零违规计划等各项内容，建立了全面的安全管理实绩评估体系。该体系激励企业持续优化安全管理，强化安全文化，确保合规运营，引领企业向更高安全标准迈进。

比如在提升安全领导力方面，申通阿尔斯通建立了一套EHS管理者指南，涵盖安全职责、安委会、检查、奖惩和零违规计划等内容，有助于指引管理层积极参与和示范安全管理工作，持续创新安全管理激励机制，有效防止不恰当的激励措施引发的短期行为，进而把有关安全理念深入植根到安全文化建设之中。

自2021年起，申通阿尔斯通通过将风险辨识与隐患排查纳入各部门的安全职责之中，实现了从"QHSE部牵头组织"向"各部门

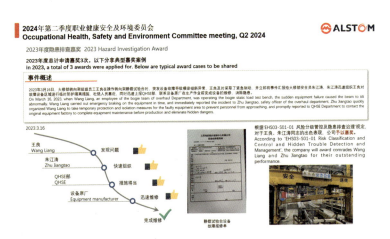

申通阿尔斯通隐患排查嘉奖案例

自行组织、QHSE部提供协助"的转变，显著提升了员工的安全意识。同时，对隐患治理的闭环机制进行了强化，并更新了"月度隐患排查治理推进表"以及"奖惩管理"条款。通过构建激励与约束并存的机制，促进了各部门对改进措施的落实，及时对员工现场发现隐患并积极处置的优秀案例进行表彰。

卡斯柯通过安全突出贡献制度和安全文化积分制度，对积极参与、做出贡献的团队及个人给予精神和物质奖励，推进安全奖励"双轮双驱"机制落地。

安全突出贡献制度以安全结果和成效为导向，鼓励在安全科技攻关与创新、应用与推广、隐患排查治理、应急管理、合理化建议等课题科目中做出突出贡献的团队和个人。通过建立奖励标准和程序，确保安全贡献奖励制度的实施。2023年和2024年，共收到82项安全奖励事迹申报，评审入围事迹23项，评定获奖事迹11项。以发放高额奖金并在全公司范围公开表彰的形式，树立最佳安全实践，调动全员参与性，发挥安全引领示范作用。

最佳案例实践： 深化运营安全风险管控，推进隐患全面自查自纠自改机制落地

公司运营团队落实安全生产责任制，开展了运营安全隐患梳理和体系建设专项工作。
专项工作以解决项目执行中的实际问题、降低运营安全生产风险为目标，针对工程项目现场作业人员分散、作业场景复杂等情况和问题，定措施、补短板，取得了良好的效益。

2024年度
安全工作突出贡献二等奖

安全实践行动	安全成果效益
• 开展作业隐患梳理排查工作，制定工程项目作业安全卡控要点 • 从实际作业场景出发，完善项目级安全风险管控措施 • 修订完善运营规章制度 • 建立健全专脱职安全员队伍	• 运营安全管理体系文件完善18项 • 制度体系、落实执行与监督检查三位一体的管理模式，项目安全管理更加规范化和系统化 • 员工的安全意识和安全技能提升，表现在检查的问题趋于下降、主动咨询逐渐增加

CASCO

卡斯柯2024年度安全奖励隐患排查治理获奖案例

安全文化积分制度覆盖全体员工，强调参与过程，通过多种渠道如安全活动和建议收集，设立积分规则和奖品兑换库，构建从参与到积分再到奖品的激励机制，有效提高员工安全工作的积极性。同时，设立安全积分排行榜和不同级别的安全文化形象，以展示员工的安全意识。2023～2024年，共有55个部门、135人次兑换安全积分奖励。

卡斯柯安全积分机制

案例启示与衍生效应

从隐患发现者蜕变为技术发明者——当隐患排查成为一种习惯，量变会促成质变

申通阿尔斯通公司针对九亭基地库房检修平台不足及架空修车顶作业的安全隐患，自主研发了"沿轨道自行式移动检修平台车"，并获得国家专利。该平台车的创新设计克服了场地限制，为车顶作业提供安全保护。其"全包围"结构和安全带使用有效预防

申通阿尔斯通"沿轨道自行式移动检修平台车"

高空坠落事故。遥控操作提高了维护效率，减少了调道需求。在紧急情况下，公路轮设计确保平台车能手动移动至安全位置，避免次生事故。

申通阿尔斯通在高处作业领域的卓越表现吸引了国家标准化管理委员会的注意。2024年，申通阿尔斯通参与修订安全生产领域的强制性国家标准《高处作业分级》。这不仅体现了其在安全生产方面的创新和实践成果，也标志着国家层面对其安全管理工作的高度认可，并为安全管理的持续创新提供了强大动力。

从管理层单向发力到各层级共同进步——安全文化与激励机制互促共进

在安全领导力方面，管理层的积极参与和示范能有效推动企业安全文化。阿尔斯通拥有一套EHS管理者指南，涵盖安全职责、安委会、检查、奖惩和零违规计划等内容，指导管理层如何深入推进安全文化。

在奖励制度上，确保奖励公正性以激发员工积极性，防止短期行为，持续创新激励机制，是保持其有效性的关键。阿尔斯通中国区企业在这方面进行了不懈的探索并取得显著成果。

守护百万"蓝骑士"，激活城市安全管理新引擎

——饿了么、蜂鸟即配

外卖骑手是城市毛细血管中一道流动的风景线，是人民群众"最熟悉的陌生人"。他们既要解决时间效率与业绩目标之间的压力，又要应对交通、治安、消防等多重潜在安全隐患，还要利用自己"穿梭于万家灯火间"的优势将安全隐患的发现功能拓展到社区和城市的其他角落。对配送服务业企业管理者而言，探索更为有效

的策略以确保骑手的安全、社会的安全、城市的安全,是这个时代的特征和使命。

拉扎斯网络科技(上海)有限公司旗下饿了么平台和蜂鸟即配,作为即时配送行业的领军企业,秉持"平台赋能生态、生态守护骑士、骑士践行安全"的理念,携手包括物流代理商、快送服务商、车电服务商等在内的生态商合作伙伴,共同打造安全生态圈,形成了一套富有特色的事故隐患发现报告奖励机制。

数字化全面赋能事故隐患发现、报告、激励

深度融合智能化技术是饿了么和蜂鸟即配在安全管理中的基本特征,通过建立健全平台各类应用系统,有效推动数字化、智能化、线上化的安全管理策略落地。数据显示,依托系统化、高效的隐患识别机制,实现了重大安全事故数量下降25%的良好成效。

发现——炎防智能云控系统

该应用系统在76个城市、1800余个站点投入运行,结合热源感

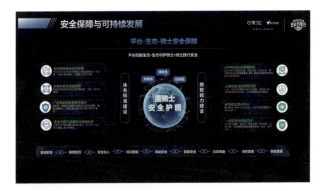

平台–生态–骑士安全保障机制

知与高危隐患行为识别技术，实现了对场域内消防隐患事件的全天候、全链条识别与管理。数据显示，自其上线以来各地区骑手在进入站点办公场域里违规吸烟行为、电瓶车违规进入室内、无线烟感报警、温度过高报警等消防隐患问题显著减少，站点内设备日均报警总量下降93%以上。

报告——"安全卫士"模块

该模块能够一站式处理文化宣传、安全知识、骑士安全分析、事故上报、骑士保险以及违规举报等多维度安全问题，其事故上报和违规举报模块极大发挥出提升平台隐患发现和响应效率的功效。

一是事故上报。骑手在配送过程中，若遭遇交通事故或其他紧急情况，可以通过App迅速提交事故信息，包括时间、地点、简要经过及现场照片等。这一功能帮助骑手即时获得平台援助，并为后续保险理赔提供依据。该功能显著缩短了事故处理的响应时间，减轻了事故对人员安全和经济状况的负面影响。平台通过对这些数据的收集与分析，能够进行事故原因的追溯，为未来制定有效的预防策略提供坚实的数据支撑。

二是违规举报。骑手还可以通过平台举报发现的违规行为，如站点管理漏洞或其他影响安全的情况。平台特设专责团队对举报内容进行核实与处理，并对相关问题执行闭环跟踪。"违规举报"功能激励骑手主动参与监督，营造安全、合规的工作环境，帮助平台识别潜在风险点，提升本质安全。

激励——"蓝骑士安全分"系统

该系统能全面反映骑士配送过程的安全表现，准确识别骑士安全问题，并针对性地进行改善措施，以降低风险发生的可能性，保

蓝骑士"安全卫士"

障配送安全。"安全分"基于骑手在配送过程中的行为数据动态计算，分值涵盖如驾驶安全即是否遵守交通规则（逆行、闯红灯、骑行速度控制、佩戴头盔、夜间灯光使用等）在内的各类涉及履约安全、财产安全、个人安全等多方面的表现并予以量化。

奖励机制包括：一是现金奖励。安全分高的骑手可获得月度或季度安全奖金（如"零违规骑手奖"），安全积分提现或兑换装备。二是优先权益。高分骑手优先获得优质订单（如配送费更高、路线更合理的订单）。三是兑换福利。安全分可兑换平台商城中的实物奖励（如头盔、护具、手机配件等），也可兑换培训课程、保险保障等增值服务。四是荣誉激励。定期公布"安全骑士榜"，上榜骑手获得荣誉称号及额外曝光。高分骑手可参与平台组织的线下活动或成为"安全宣传大使"。

"蓝骑士安全分"机制为平台与服务商提供了直观的安全管理参考。通过分值排名，管理者能够清晰掌握骑手群体的整体安全状况，并针对性开展安全培训或优化管理策略，从而进一步降低风险概率。

完善的事故隐患报告奖励机制建设依赖系统化提升本质安全的努力

电动车安全合规管理指引相应事故隐患报告要素归集

外卖配送行业的主要运输工具目前还是电动车，涉及交通及消防安全，也是平台安全管理的关键点。蜂鸟即配通过与生态合作伙伴的深度协作，从车辆合规、培训教育到电池更换服务，打造了一套覆盖全链条的电动车安全管理机制。平台要求骑手严格遵守政府监管要求，使用符合国家标准且注册登记、拥有合法牌照的电动车进行配送工作。活跃骑手需要定期在骑手App端上传车辆合规数据，确保车电使用的合法性。为了进一步落实合规管理，生态商在每日站点例会中组织骑手进行车辆检查，确保刹车、轮胎胎压、车辆后视镜、电池及电路状况均处于良好状态，将隐患消除在配送前。

为应对骑手在充电过程中遇到的困难以及用电安全问题，蜂鸟即配打造了一站式换电租车服务平台，整合全国车电基础设施资源，并优化品牌供应商服务，实现换电与租车服务无缝对接。一方面确保平台供应的换电电池、电瓶车辆合规；另一方面结合"安全万里行"等，推广换电服务，并与品牌合作推进换电基础设施建设，引导平台骑手养成良好换电、合规用车、平安配送的习惯。

骑手智能装备有效拓展事故隐患发现渠道

随着科技的发展，蜂鸟即配推出了一系列骑手智能装备，包括智能头盔耳机和智能头盔尾灯，以增强智能设备在不同场景下的适配性。这些装备利用物联网（IoT）和AI技术，能够实时监测发现骑手的健康状况和配送中的安全风险，显著降低外卖配送中的安全风险。

骑手培训管理增强发现报告事故隐患的能力

外卖骑手行业的人员高流动性及职业生涯的短暂性已成为普遍现象。饿了么平台上的注册骑手人数已突破300万，而平均职业生涯周期仅为3～6个月。为了应对高流动性带来的安全挑战，平台构建了一套有针对性的安全培训教育体系。通过新入职骑手安全教育培训、定期推送安全提示信息、组织线上线下安全讲座等多种方式，保持骑手对安全问题持续保持高度关注和不断学习。蜂鸟即配还联合生态商定期开展交通与消防安全培训。通过系统化的法律法

蓝骑士基础特征

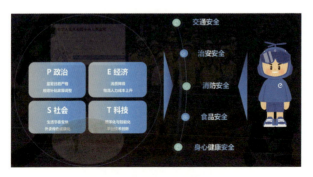

外卖平台典型安全风险域分布

规讲解与实际案例的深入分析，骑手能够充分认识到三无电动车和非法改装行为的危害性及违法性，从根源上提升安全意识和法律意识。

骑手在注册蜂鸟专送或众包App时，系统会自动向其推送安全教育培训内容。培训形式涵盖视频、动画和长图文，助力新骑手迅速掌握必要的安全知识。完成培训后，骑手必须通过相应的考试，方可正式开始接单工作。此外，生态商还会对新骑手进行三级安全教育，并为每位骑手建立安全档案。这种多层级的安全教育体系确保了骑手能在短时间内适应岗位，并实现安全知识内化于心。

案例启示及衍生效应：事故隐患内部报告奖励机制的外化

争当"社区侠"

在饿了么的生态合作体系中，在保障骑手的安全管理的同时，赋能骑手守护社区是一个鲜明的特征。平台与生态商一起为骑手组织安全知识培训，骑手可以多元化掌握外卖行业中经常遇到的交通、治安、消防等领域的风险预防、应急处置技能，成为"社区侠"。

为鼓励骑手积极参与，饿了么对那些主动发现安全隐患并积极救护他人的行为进行物质奖励。平台举办"安全万里行之安全蜂享家"优秀案例评选活动，对生态商内部安全文化优秀活动进行推广和奖励，鼓励生态商常态化评选内部"安全标杆"骑士，树立安全榜样，让安全标杆从线上App推广到每一个商圈、站点和小队，被身边的骑士圈群体看见，感染并触动更多的蓝骑士践行安全，成为社区安全守护者中的一分子。

平台开展"消防隐患随手拍"线上活动，蓝骑士"社区侠"的重要分支"消防侠"，为社会消防安全做贡献建立了一个全新的渠道。由平台蓝骑士上报的消防隐患最终由所在区域消防监督部门、区域化网格力量接手，形成整改闭环。例如，饿了么授予"社区侠"称号的上海蓝骑士左文凯，于2024年8月在送餐途中遇到一处房子失火，他立刻停车用楼道灭火器救火，更逆行上楼救下房间内腿脚不便的老人。在短短的几分钟时间内，左文凯在送餐途中顺手灭了个火，救了个人，为消防员争取了宝贵的时间。上海市黄浦区授予这位骑手"见义勇为"先进称号和专项奖励。

饰演"六大员"

平台联同旗下的生态商组建互助志愿服务队，以"我不仅仅是送餐员"为定位，为骑手赋予"街道安全员、信息员、宣传员、引导员、征集员、服务员"六大员角色，同时明确了"排查辖区隐患、采集社区信息、宣传政策法规、引导文明行为、征集居民需

消防随手拍活动

求，服务重点人群"六项守望职责。平台也鼓励骑手在送餐途中收集社区安全隐患，如消防通道堵塞、楼梯间堆积易燃物等，并即时通过"六大员"胸牌上的联系电话将隐患信息传递至社区相关部门，以便隐患能得到及时整改。同时，不少骑手还随身配备急救包，在遇到需紧急救护的情况时，第一时间开展黄金救援，为居民提供即时帮助。

2024年，平台先后在上海、北京举办蓝骑士急救培训，67名蓝骑士获得急救员认证证书。蓝骑士在掌握急救技能后，将急救包放在跑单骑行车辆上，为所在商圈的居民提供急救服务。

仅2024年9～10月间，平台就对获得"见义勇为""积分TOP标杆""安全吹哨人""安全带教师"等荣誉称号的1200余名蓝骑士，通过骑士工作群、站点荣誉墙、新闻媒体等渠道进行表彰，持续扩大相关个人荣誉的知晓度，鼓励更多人向蓝骑士学习。

上海火焰蓝消防救援公益基金会
表彰

平台生态商上海众简举行安全标杆
颁奖仪式

除患先育人：
构建科研实验室数字化 RAMP
隐患治理育人体系

——华东理工大学

华东理工大学是新中国化工高等教育的关键发祥地，学校拥有规模庞大且功能齐全的实验室系统，共计2572间，其中科研实验室1834间。这些实验室既是科技创新的孵化器，也是风险隐患的承载体。作为上海市化学品使用量和种类最多的高等院校，既面临化学品泄漏、电气线路短路、实验设备故障等"物"的不安全状态，也

面临违规操作等"人"的不安全行为。

精准、高效地识别这些风险隐患，构建起全方位、多层次的防控体系，培养出兼具深厚专业素养和强烈安全意识的化工人才，不仅是学校实现可持续发展的关键所在，更是服务国家化工产业安全、稳定、高效发展的重要责任担当。

创新驱动的隐患治理架构体系和深度挖掘的场景化垂直数据库建设

一个系统集大成

华东理工大学基于其显著的"化工化学"学科特色及育人核心任务，构建起一套全体师生参与的实验室隐患数字化治理育人体系。该体系全面整合识别隐患、评估风险、控制风险、应急处置四大核心模块，并依托自主研发的实验室HSE数字化管家系统为其提供强大的技术支撑和运行保障。

实验室HSE数字化管家系统RAMP架构图

该系统集成了庞大、专业的隐患数据库，相当于一部详尽的安全指南，能够为师生在应对复杂多变的实验室环境和实验操作时提供精准、便捷的隐患识别指导。在化学品、气瓶、设备以及危险废物的管理方面，学校全面引入二维码技术，为每一个物品赋予唯一的"物品码"，累计张贴数量已超过53万个。同时，依据楼宇、实验室、存储柜、层板、二次容器等层级结构，细致划分出11185个"空间码"单元，并将其与师生的"身份码"紧密绑定，成功实现了"一瓶一码一台账一责任人"的精细化管理模式。

创新化学品管理模式显著提升了管理效率。系统记录了41万瓶化学品信息，覆盖2.2万种化学品。电子台账比传统纸质台账更高效，减少了人为记录错误的概率，并累计为师生节省出13万分钟的时间。微信小程序支持即时提交危废转运申请，防止了危废堆积，实现了化学品全生命周期的无缝衔接和闭环管理，提高了化学品管理的效率和安全性。目前实验室危废台账已经超过5万笔，是国内各科研机构中最大的危废数字化样本。

实验室空间码与物品码结合

一套模型理思路

在"底数清"的坚实基础上,学校严格遵循化学品统一分类和标签制度(Globally Harmonized System of Classification and Labelling of Chemicals,GHS),对实验室潜在风险进行了全面深入的数字化分析,成功构建了数字化的"服务育人"冰山模型。这一模型融合了包含超过10万种化学品风险数据在内的多元数据库,以及操作风险、个体防护、存储禁忌等丰富的专业数据库和先进算法,能够根据师生的不同需求和使用场景精准推送个性化的安全知识和风险防控建议,有效提升了师生的隐患识别意识和技能水平,同时也为实验室安全管理决策提供了全面、准确、可靠的数据支持。

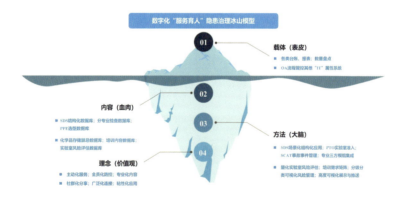

数字化"服务育人"隐患治理冰山模型示意图

学校将化学品隐患辨识、防护及应急处置纳入本科生与研究生实验室安全课程内容,并实施了涵盖全体师生的实验室化学品隐患排查专项活动。利用数据库和识别技术,成功定位并妥善处置了因历史遗留问题散落在实验室的108瓶剧毒品。此外，通过细致的化学品辨识工作，还发现了812瓶"暴露在空气中会自燃"、2063瓶"遇水放出可自燃的易燃气体"、3012瓶"可能导致遗传性缺陷"、3012瓶"可能对母乳喂养的儿童造成伤害"、8267瓶"可能致癌"以及63947瓶"造成严重皮肤灼伤和眼损伤"等各类高危化学品，风险管控的颗粒度进一步得到了提升。

在全校师生共同参与的隐患辨识过程中，学校首次获得了急性毒性致命化学品的翔实数据，突破了以往仅能依赖"危险化学品目录"进行被动式管理的局限。目前累计辨识出"吞咽致命"化学品2051瓶、"皮肤接触致命"化学品2124瓶、"吸入致命"化学品4679瓶，相较于传统方法，新辨识出的致命化学品数量分别增长了2.74倍、1.80倍和1.82倍。主动识别这些隐患促使师生在进行实验操作时更加重视个人安全，实现从传统的被动式管理向主动式和精准化管理的转变，并为后续实验室安全人工智能模型训练积累了宝贵的基础数据，推动实验室安全管理向智能化和科学化方向快速发展。

多元协同的安全隐患排查与防控机制和喜闻乐见的安全激励体系

一是多层级、全流程的安全隐患排查机制。

学校党政主要负责人每学期至少执行一次实验室安全检查，分管校领导每月开展一次检查，其他校领导依据学期计划参与对口学院的实验室安全检查工作。在学院层面，主要领导每月进行一次检查，分管领导每两周执行一次检查，安全助理每周进行检查，系所

校领导带队检查实验室安全

安全员确保每周对实验室进行一次全面检查。所有的检查工作均通过校HSE管家系统进行详细记录，实施闭环管理，并在实验室安全年报中进行系统总结和分析。

二是更加便捷的隐患报告平台。

学校倡导全体师生运用微信小程序开展行为安全观察活动，及时上报潜在的险兆事件及优秀实践案例，并对整改进程进行全程跟踪。对于每条隐患，安全检查人员不仅仅指出隐患点，而且还能够给予师生详细的法规政策依据、事故案例、工作方法和整改工作清单。月度工作简报中，对各学院整改工作予以及时通报，以确保各类安全隐患能够得到及时有效地治理。对于师生们上传的险兆事件案例和优秀实践案例，及时通过课程、领导班子学习、教师培训等途径予以剖析。HSE管家系统上线后，获得全校师生的普遍支持。在系统初期运行阶段，HSE管家系统将化学品和钢瓶数量进行实时更新并展示于界面上，各学院迅速响应、比学赶超，高效完成了基础数据的核对工作。

三是对年轻人更有吸引力的安全激励。

对于积极使用HSE管家系统并发现潜在安全隐患的师生给予竞赛积分、荣誉称号等形式的奖励。这些奖励不仅能够提升师生的参与感和成就感，还能有效促进实验室安全文化的建设。学校官方公众号公布获奖信息，表彰优秀个体和团队，发挥榜样效应。此外，优先推荐表现突出的学生参加国内外相关学术会议和培训，进一步提升其专业能力和综合素质。通过这些多元化的安全激励，HSE管家系统不仅成为实验室安全的守护者，更成为学生成长和发展的助推器。

HSE管家系统荣誉称号

给实验室安全"管家"颁发大礼包

精准高效的科研隐患评估与专业保障体系，智能敏捷的数字化应急响应与预警网络

学校以工作危害分析（Job Hazard Analysis，JHA）为理论基础，创新性地构建了适用于科研工作的风险评估（Permit to Operate，PTO）模块，并充分利用大数据分析技术，实现了对学校所有科研过程的全面覆盖和动态监控。通过对实验室静态隐患、动态隐患以及历史隐患记录的深度挖掘和分析，实现实验室隐患的数字化实时分类分级管理，能够根据隐患的严重程度和风险等级，制定出具有针对性和可操作性的安全管理措施，为科研活动的安全开展提供了有力保障。

实验室实时分类分级地图

华东理工大学与上海市安全生产科学研究所携手共建了上海市应急管理局化工反应安全重点实验室。该实验室引进了国际领先的反应安全技术与设备，并结合我国科研实践的特色，自主开发了符合中国国情的全流程反应安全风险评估技术与风险控制策略，为预防前沿科研活动中可能出现的风险提供了坚实的技术支持。重点实

验室正专注于构建全球首个化学品热稳定性共享数据库，并计划完成对《危险化学品目录（2015版）》中所列的2828项危险化学品的热稳定性实验测试。迄今为止，该数据库已成功完成了1500种化学品的测试工作，相关的关键数据将无偿向公众开放，为化工安全的发展贡献上海智慧。

学校将数字化系统与烟感、温度传感器、人体雷达、气体浓度探测器等多种类型的传感器进行深度融合，实现了对实验室环境的24小时实时监测和智能预警。一旦监测到异常情况，系统会立即发出警报，并及时推送相关信息至管理人员和实验室成员的手机终端，确保能够在第一时间采取有效的应对措施，将安全事故的风险和危害降到最低限度，实现了从传统的被动应急响应向主动预防预警的重大转变，为实验室安全提供了坚实的技术支持。

案例启示及衍生效应

教育体系的全面延伸

学校构建起一个涵盖校级、院级及课题组三个层次的全方位实验室安全教育体系。各层次教育内容既相互衔接，又各有侧重，确保实验室成员能够系统全面地掌握必要的安全知识与技能。在这一创新体系的培养下，华东理工大学孕育出众多既具备扎实专业知识，又拥有高度安全意识和社会责任感的化工人才。教学团队与企业安全领域的校友紧密合作，共同编撰了《企业环境健康安全风险管理》第一版（2017年）和第二版（2022年）。该书与学校的"企业EHS风险管理基础"课程相配套，入选国家精品在线开放课程，已连续开设16个学期，服务了全国20多个省市的122所学校，选课人次累计达到3.52万。

学校积极打造了长三角地区首个实验室EHS实训中心。该中心内部配置了合成实验区、理化实验区、危险废物暂存区、气瓶存放区、化学品储存区以及教学研讨区等多功能区域。在实训活动中，实验室全生命周期管理、运行合规性、个人防护、应急管理等实训内容被巧妙地融入各个实训体验环节中，为师生提供了一个全面、沉浸式的实验室安全培训与实践平台。建成一年以来，已吸引了来自全国12个省市的126家单位前来参观交流学习和培训。实验室以此为经验，与上海市安全生产科学研究所联手，共同将实训中心建设成为上海市标准化实验室安全体验场所。

实验室EHS实训中心

技术能力的广泛传播

华东理工大学的数字化管理实践经验已成功地在20所科研院校中得到推广，涵盖清华大学、中山大学、南方科技大学、深圳湾实验室、中科院化学物理研究所等著名高等教育机构及研究机构，为同行机构提升实验室安全管理水平提供了有力的支持与借鉴。学校的化学品及气瓶数字化治理方案还被北京市《危险化学品全流程追溯管理技术规范》、北京市化学品综合服务平台、北京市瓶装工业气体全流程追溯管理平台等采纳为关键参考，上海市"一企一品一码"的化学品管理模式也选择华东理工大学作为唯一终端试点单位。

华东理工大学费林加诺贝尔奖科学家联合研究中心